U0061181

5-6歲 下

幼稚園腦力
邏輯思維訓練

何秋光 著

新雅文化事業有限公司
www.sunya.com.hk

幼稚園腦力邏輯思維訓練（5-6歲下）

作　　者：何秋光
責任編輯：趙慧雅
美術設計：蔡學彰
出　　版：新雅文化事業有限公司
　　　　　香港英皇道 499 號北角工業大廈 18 樓
　　　　　電話：（852）2138 7998
　　　　　傳真：（852）2597 4003
　　　　　網址：http://www.sunya.com.hk
　　　　　電郵：marketing@sunya.com.hk
發　　行：香港聯合書刊物流有限公司
　　　　　香港荃灣德士古道220-248號荃灣工業中心16樓
　　　　　電話：（852）2150 2100
　　　　　傳真：（852）2407 3062
　　　　　電郵：info@suplogistics.com.hk
版　　次：二〇二二年一月初版
　　　　　二〇二三年九月第二次印刷

版權所有‧不准翻印

原書名：《何秋光思維訓練（新版）：兒童數學思維訓練遊戲（5-7 歲）全三冊 ③》
何秋光著
中文繁體字版 © 何秋光思維訓練（新版）：兒童數學思維訓練遊戲（5-7 歲）全
三冊 ③ 由接力出版社有限公司正式授權出版發行，非經接力出版社有限公司書
面同意，不得以任何形式任意重印、轉載。

ISBN: 978-962-08-7902-9
©2022 Sun Ya Publications (HK) Ltd.
18/F, North Point Industrial Building, 499 King's Road, Hong Kong
Published in Hong Kong SAR, China
Printed in China

系列簡介

　　本系列圖書由中國著名幼兒數學教育專家何秋光編寫，根據 3-6 歲兒童腦力思維的發展設計有趣的活動，培養九大邏輯思維能力：觀察力、判斷力、分析力、概括能力、空間知覺、推理能力、想像力、創造力、記憶力，幫助孩子從具體形象思維提升至抽象邏輯思維。全套共有 6 冊，分別為 3-4 歲、4-5 歲以及 5-6 歲（各兩冊），全面展示兒童在上小學前應當具備的邏輯思維能力。

作者簡介

　　何秋光是中國著名幼兒數學教育專家、「兒童數學思維訓練」課程的創始人，北京師範大學實驗幼稚園專家。從業 40 餘年，是中國具豐富的兒童數學教學實踐經驗的學前教育專家。自 2000 年至今，由何秋光在北京師範大學實驗幼稚園創立的數學特色課「兒童數學思維訓練」一直深受廣大兒童、家長及學前教育工作者的喜愛。

目錄

分析能力

空間知覺

分析與概括

想像與創造

六冊 學習大綱

九大邏輯思維能力

		觀察能力	判斷能力	分析能力	概括能力	空間知覺	推理能力	想像力	創造力	記憶力
第 1 冊 (3-4歲上)	觀察與比較	✓								
	觀察與判斷	✓	✓							
	空間知覺					✓				
	簡單推理						✓			
第 2 冊 (3-4歲下)	觀察與比較	✓								
	觀察與分析	✓		✓						
	觀察與判斷	✓	✓							
	判斷能力		✓							
第 3 冊 (4-5歲上)	概括能力				✓					
	空間知覺					✓				
	推理能力						✓			
	想像與創造							✓	✓	
	記憶力									✓
第 4 冊 (4-5歲下)	觀察能力	✓								
	分析能力			✓						
	判斷能力		✓							
	推理能力						✓			
第 5 冊 (5-6歲上)	量的推理						✓			
	圖形推理						✓			
	數位推理						✓			
	記憶力									✓
	分析與概括			✓	✓					
第 6 冊 (5-6歲下)	分析能力			✓						
	空間知覺					✓				
	分析與概括			✓	✓					
	想像與創造							✓	✓	

會移動的花

分析能力

想一想，如果小花向右走 2 格再向左走 1 格，中花向左走 1 格再向右走 2 格，大花向右走 1 格再向左走 2 格，會變成（1）-（4）中的哪幅圖呢？請你把它圈起來，並畫在上面的空格子裏。

（1）

（2）

（3）

（4）

格子的規律

觀察每組圖案的變化規律，想一想（1）-（5）中哪個圖案符合這種規律，可以接着排。請你把它圈起來，並畫在橫線上。

①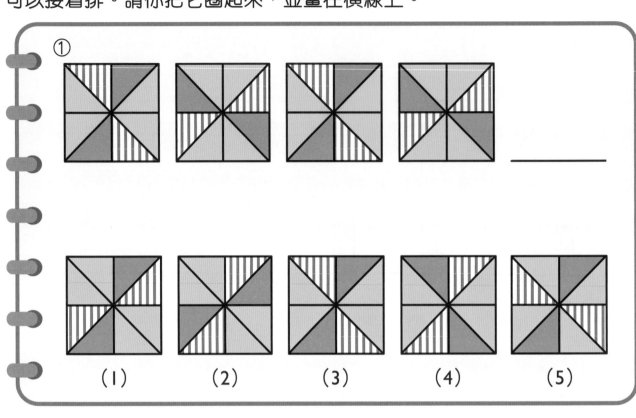

（1） （2） （3） （4） （5）

②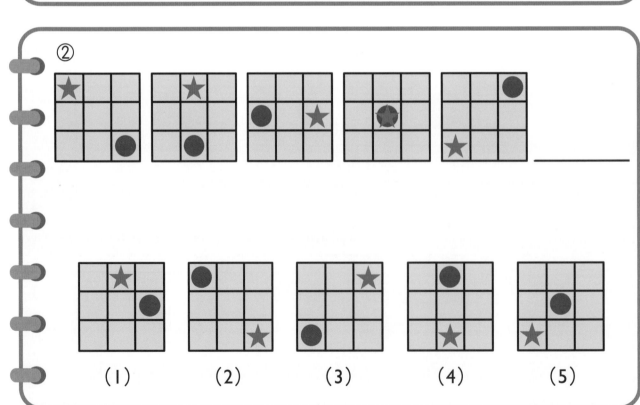

（1） （2） （3） （4） （5）

變幻的三角

3 個正方形交叉在一起，形成了 4 個小三角形。下面每組正方形中，只有一組交叉後也形成了 4 個小三角形，請你把它圈起來。

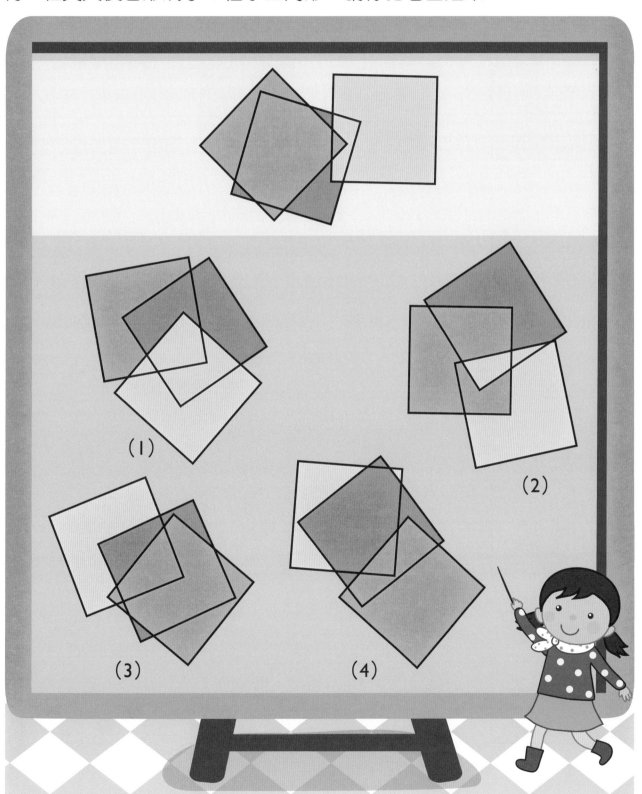

(1)

(2)

(3)

(4)

觀察每組前兩個圖案的變化規律，如果第三和第四個圖案也按此規律，第四個圖案會變成（1）-（4）中的哪一個呢？請你把它圈起來。

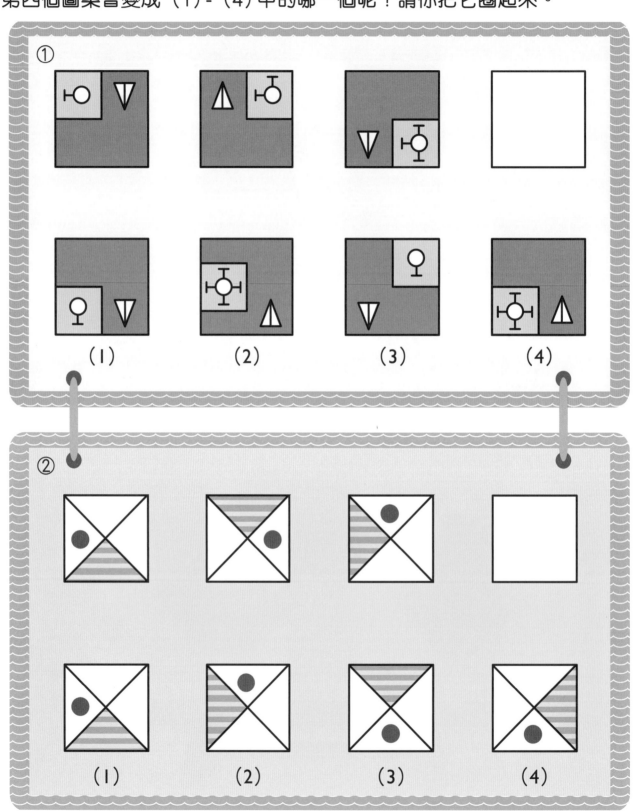

圓點密碼

請你觀察大轉盤的內圈和外圈小圓點的對應變化規律，然後在缺少圓點的位置上畫出小圓點。

下一個圖案

觀察每組前兩個圖案的變化規律，如果第三和第四個圖案也按此規律，
第四個圖案會變成（1）-（5）中的哪一個呢？請你把它圈起來。

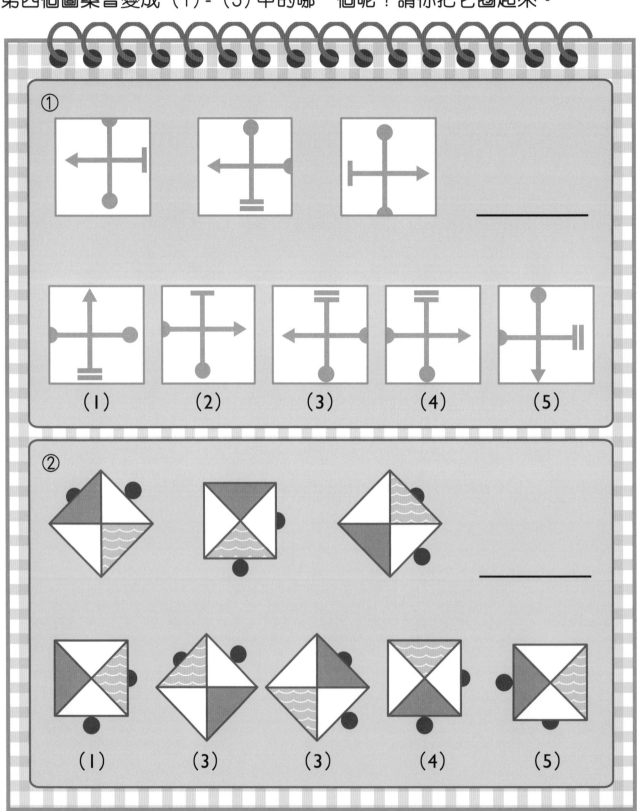

畫圖案

請你在下面的空格子裏畫圖，使每一橫行和豎行裏都有♡ △ ◈ ⊙ 4 種圖案。

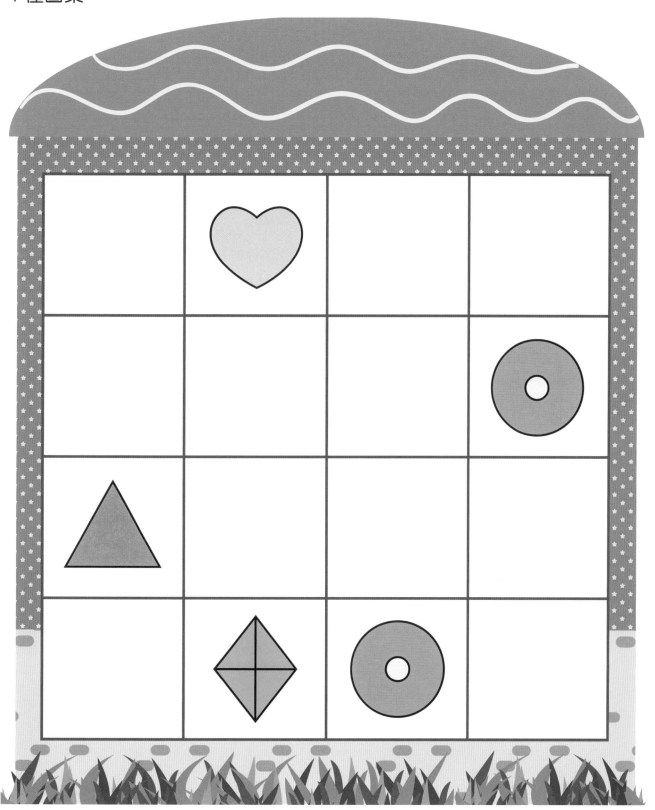

圓點的關係

分析能力

下圖中的符號表示相鄰格子裏小圓點數量之間的大小關係。< 為小於號，> 為大於號。請你在空格子裏畫上適當數量的小圓點，並使每一橫行和豎行內都包含 1-5 個小圓點。

分析能力

在下面的算式中，大於號、小於號和等號用得對嗎？請你將對的算式和 🌸 連線，錯的和 ✖ 連線。

7+2>8		10=2+8
6-2>3		8=3+5
10-2>7	🌸	3+3=2+2+2
6<6-5		4+4=5+5
10>10-3		1+8=9-1
7<4+5	✖	3+6=6
1+5<9		7-1=7+1
9-2>6		9-5=2+1
4+5>8		4+3=6-2

圖形的變化（一）

空間知覺

觀察每組前兩個圖案的變化規律。如果第三和第四個圖案也按此規律變化，第四個圖案會變成（1）-（4）中的哪一個呢？請你把正確答案圈起來，並畫在橫線上。

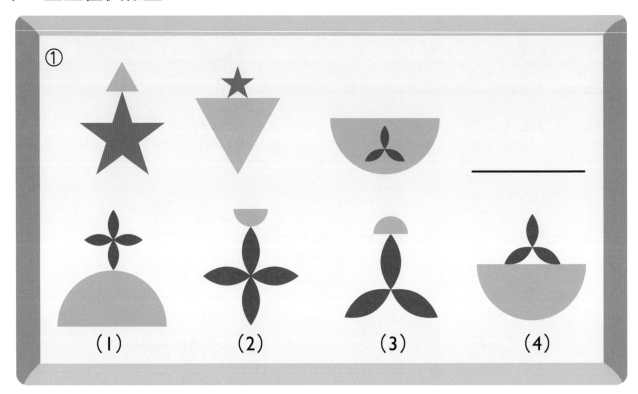

① 　　　　　　　　　　　　　　　　　　　　　　　　————

（1）　　　　　　（2）　　　　　　（3）　　　　　　（4）

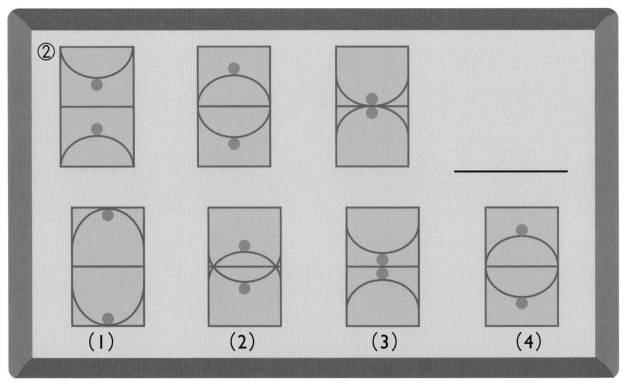

② 　　　　　　　　　　　　　　　　　　　　　　　　————

（1）　　　　　　（2）　　　　　　（3）　　　　　　（4）

空間知覺

觀察每組前兩個圖案的變化規律。如果第三和第四個圖案也按此規律變化，第四個圖案會變成（1）-（5）中的哪一個呢？請你把正確答案圈起來，並畫在橫線上。

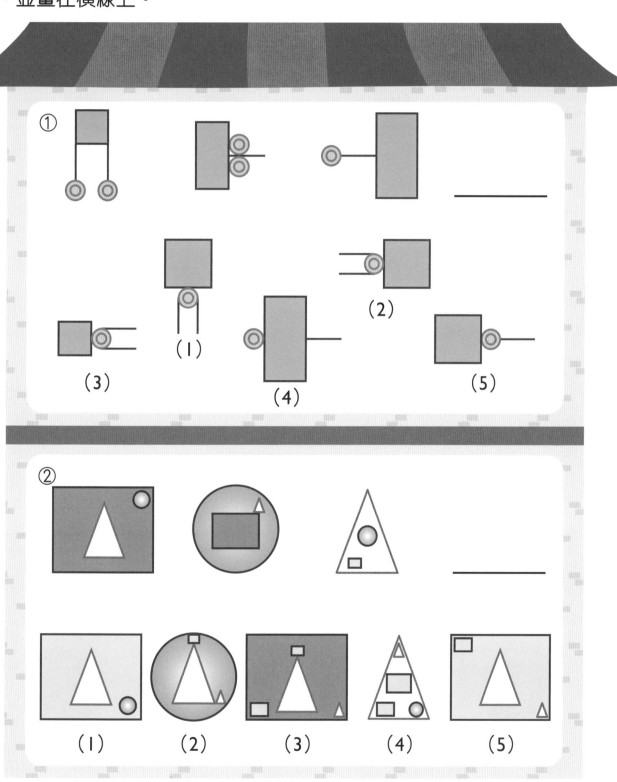

數量的變化

空間知覺

觀察每組圖形中小圓點數量的變化規律，想一想最後一個圖形中應該有幾個小圓點，請你圈出正確答案，並在圖中畫出正確數量的小圓點。

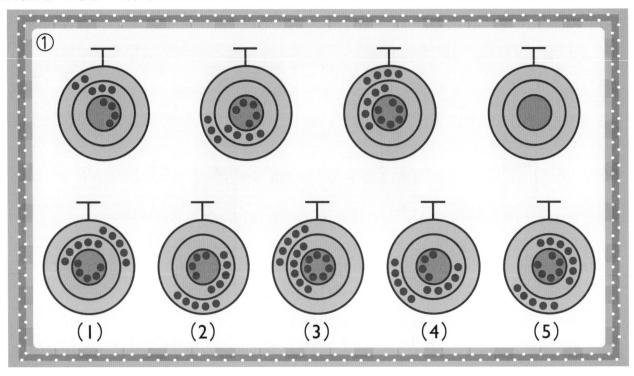

（1）　（2）　（3）　（4）　（5）

觀察每組左邊 3 個圖形中小圓點數量的變化規律，想一想右邊最後一個圖形中應該有幾個小圓點，請你圈出正確答案，並在圖中畫出正確數量的小圓點。

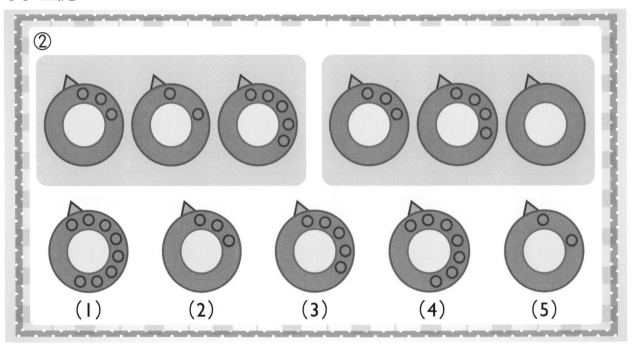

（1）　（2）　（3）　（4）　（5）

空間知覺

觀察每組前兩個圖形的變化規律。如果第三和第四個圖形也按此規律變化，第四個圖形會變成（1）-（4）中的哪一個呢？請你把正確答案圈起來，並畫在橫線上。

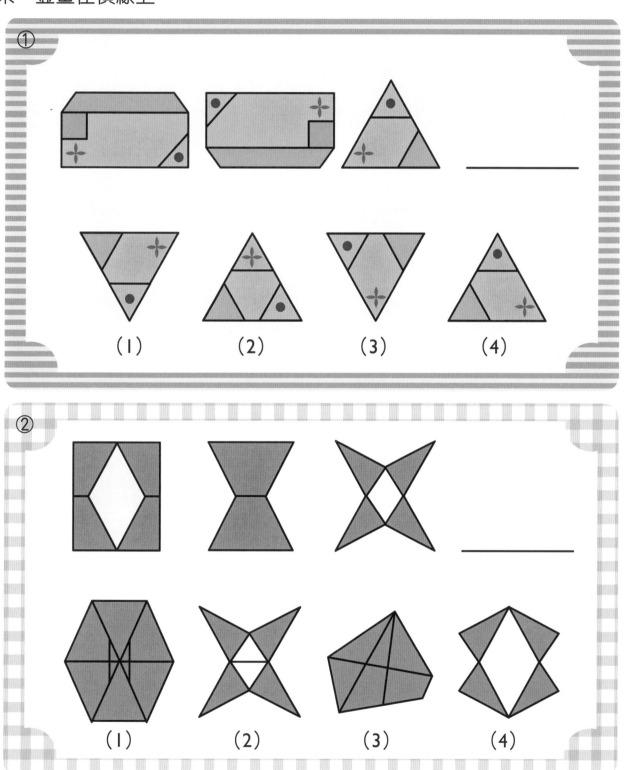

①

（1）　　　（2）　　　（3）　　　（4）

②

（1）　　　（2）　　　（3）　　　（4）

圖形大變身（二）

空間知覺

觀察每組前兩個圖案的變化規律。如果第三和第四個圖案也按此規律變化，第四個圖案會變成（1）-（4）中的哪一個呢？請你把正確答案圈起來，並畫在橫線上。

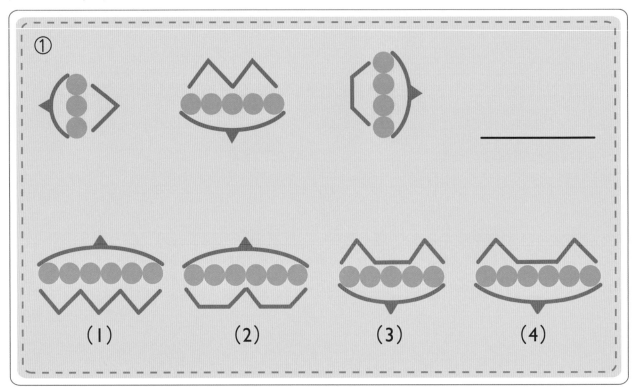

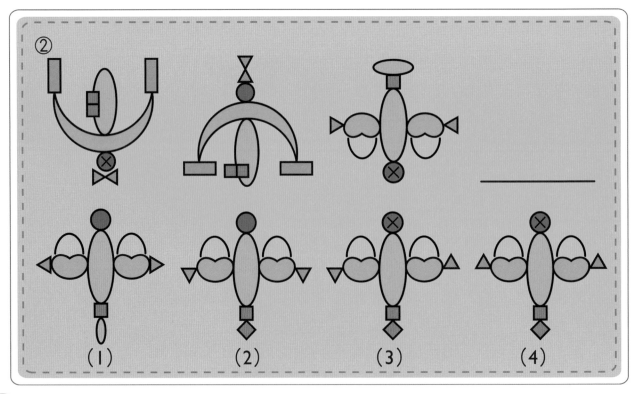

圖形大變身（三）

空間知覺

觀察每組前兩個圖案的變化規律。如果第三和第四個圖案也按此規律變化，第四個圖案會變成哪一個呢？請你把正確答案圈起來，並畫在橫線上。

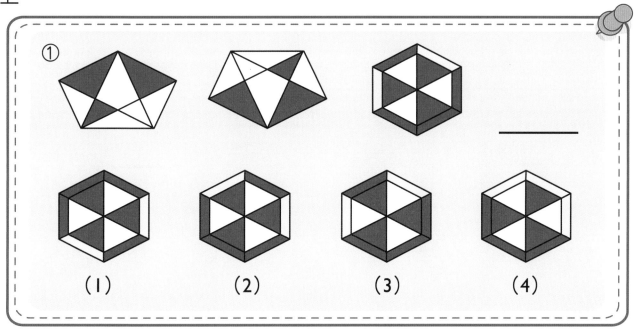

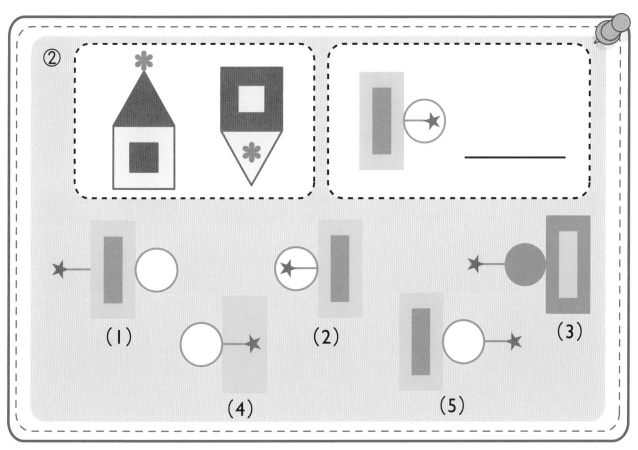

觀察每組前兩個圖案的變化規律。如果後面的圖案也按此規律變化，那麼它會變成①-⑤中的哪一個呢？請你給正確答案的數字圓圈塗色，並將答案畫在橫線上。

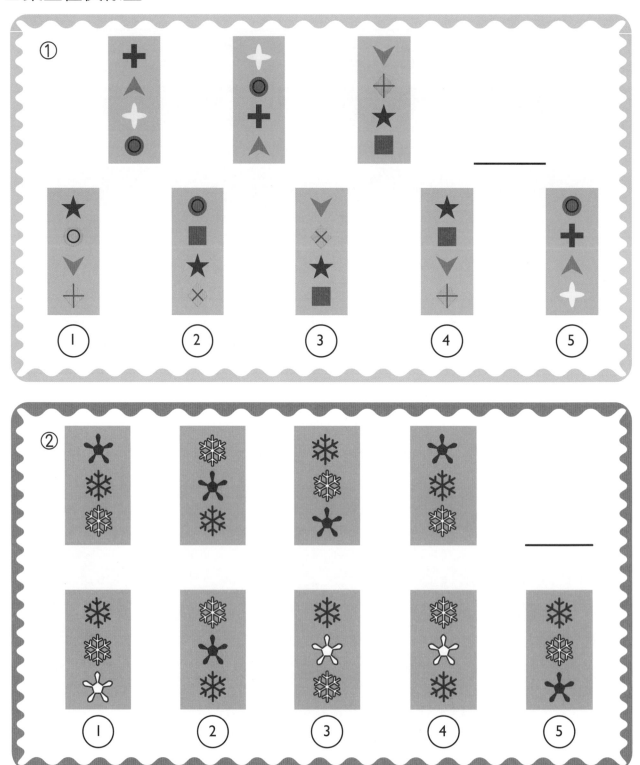

圖形大變身（五）

空間知覺

觀察每組前兩個圖案的變化規律。如果第三和第四個圖案也按此規律變化，第四個圖案會變成①－⑤中的哪一個呢？請你給正確答案的數字圓圈塗色，並將答案畫在橫線上。

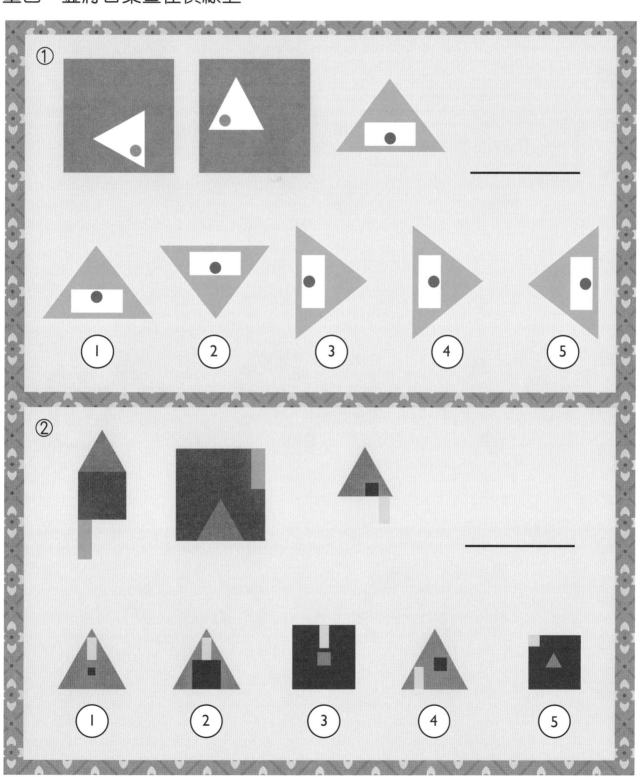

空間知覺

觀察以下這組圖案的變化規律。如果第四個圖案也按此規律變化，第四個圖形會變成①－⑤中的哪一個呢？請你給正確答案的數字圓圈塗色。

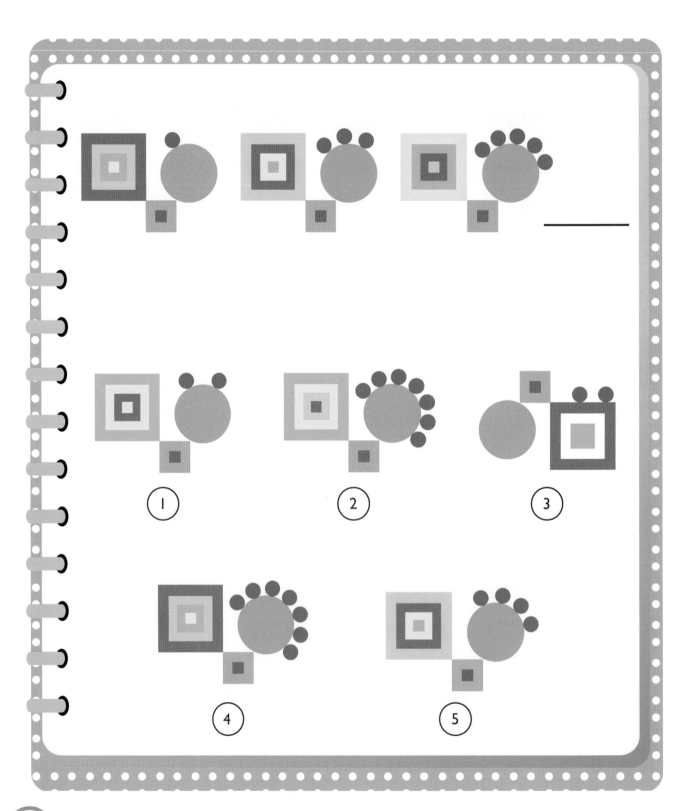

左手和右手

空間知覺

請你伸出手，學一學圖中小朋友手的姿勢，並想一想哪隻是左手，哪隻是右手。再跟着小圖的小手做動作，數一數圖中共有幾隻左手，幾隻右手，並把數字填在格子裏。

左手 □ 　　　　　右手 □

相對方向（一）

空間知覺

猴哥哥的左邊是猴妹妹，右邊是猴弟弟，猴姐姐在猴弟弟的右邊，請你把每隻小猴和屬於牠的桃樹連起來。

猴哥哥

猴哥哥

猴弟弟

猴姐姐

猴妹妹

相對方向（二）

空間知覺

小熊坐在小豬對面，面前有一把香蕉；小羊坐在小熊的左邊，小狗的對面。請你說一說每隻動物坐的位置，並把每隻動物和牠的椅子連線。

花瓶的角度

4 隻動物坐在不同的位置上，牠們看到的花瓶各是什麼樣子的？請你把動物跟花瓶連起來。

空間知覺

丁丁住在第 5 層 3 號房間，李先生住在第 5 層 2 號房間，請你看一看其他人居住的樓層和房間號，然後在下面的格子裏填上相應的數字。

住戶											
樓層	5							5			
房間	2							3			

衣物的位置

空間知覺

數一數大衣櫃裏的衣物放在第幾層的第幾格，然後在圖下方的括弧裏填上相應的數字。

	(1)	(2)	(3)	(4)
(5)	恤衫			毛衣
(4)		帽		
(3)	短褲			
(2)			裙	
(1)		手套		

👕 在第（ **5** ）層，第（ **1** ）格。　🧥 在第（　）層，第（　）格。

👗 在第（　）層，第（　）格。　🧢 在第（　）層，第（　）格。

🧤 在第（　）層，第（　）格。　🩳 在第（　）層，第（　）格。

旋轉的位置

空間知覺

左邊的 5 組動物，經過旋轉後各變成了右邊的哪一組？請你把兩組動物連起來。

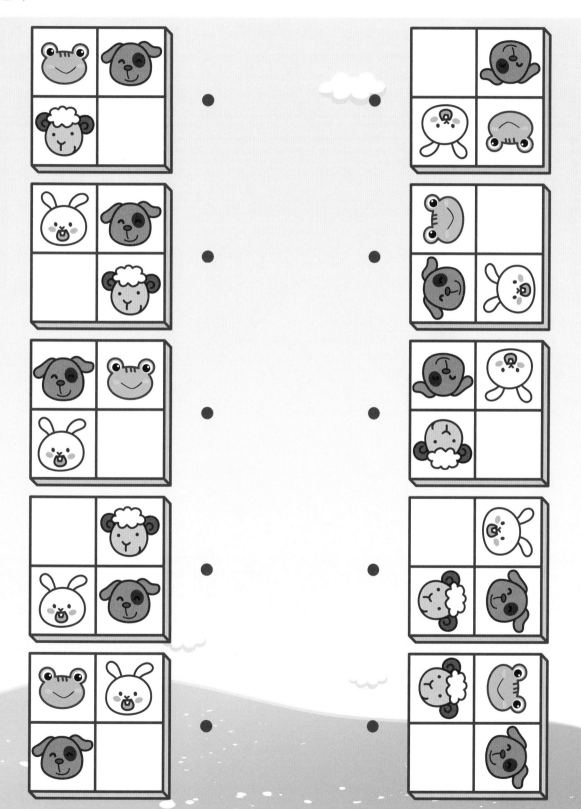

數一數下面每個圖形裏各包含多少個正方形，然後在圖下方圈起正確的數字。

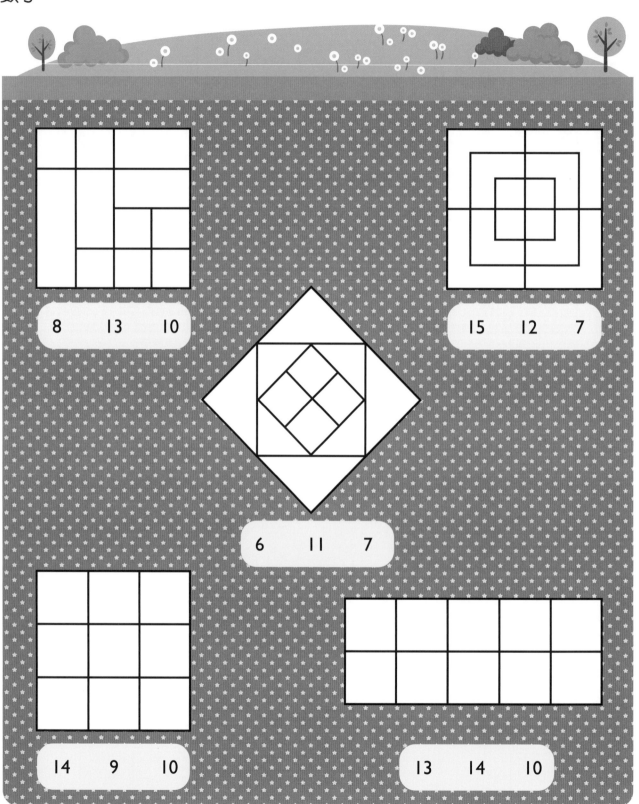

8　13　10

15　12　7

6　11　7

14　9　10

13　14　10

空間與數量（二）

空間知覺

數一數下面每個圖形裏各包含多少個長方形，然後在圖下方圈起正確的數字。

6　　10　　12

14　　6　　16

7　　5　　9

8　　14　　18

20　　7　　19

空間與數量（三）

空間知覺

數一數下面每個圖形裏各包含多少塊正方體積木，然後在圖下方的括弧裏填上相應的數字。

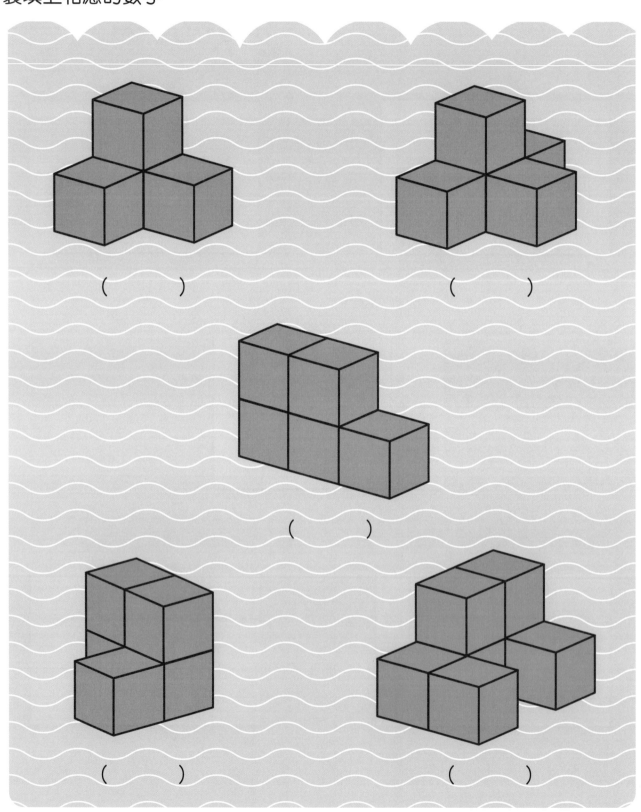

（　　　）

（　　　）

（　　　）

（　　　）

（　　　）

下面每組圖形中，有一個圖形和其他的不同，請你把它圈起來，並說說哪裏不同。

①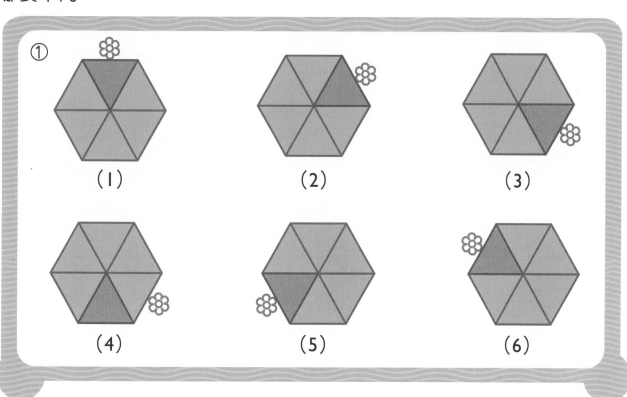

（1）　　　　　　（2）　　　　　　（3）

（4）　　　　　　（5）　　　　　　（6）

②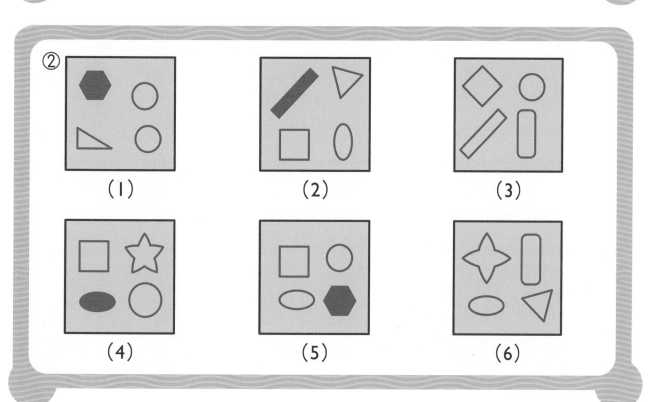

（1）　　　　　　（2）　　　　　　（3）

（4）　　　　　　（5）　　　　　　（6）

空間與圖形（二）

下面每組圖形中，有一個圖形和其他的不同，請你把它圈起來，並說說哪裏不同。

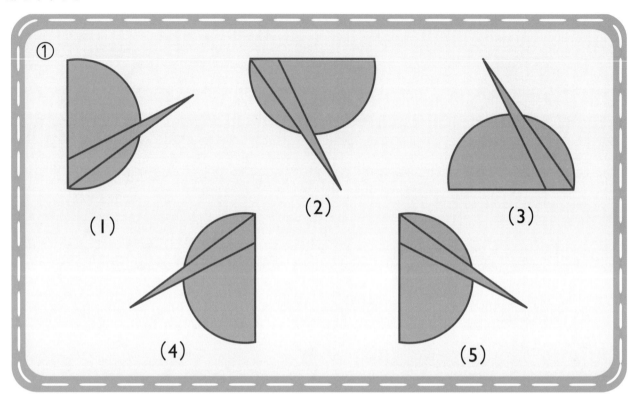

(1)   (2)   (3)   (4)   (5)

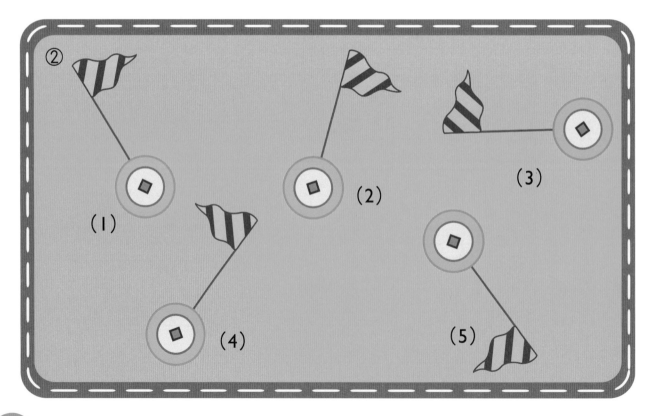

(1)   (2)   (3)   (4)   (5)

下面每組圖形中，有一個圖形和其他的不同，請你把它圈起來，並說說哪裏不同。

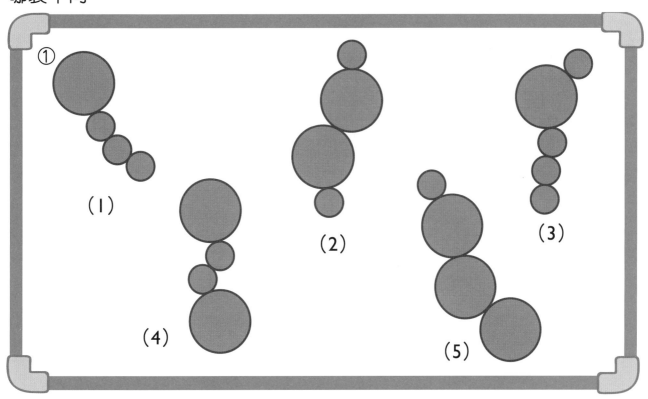

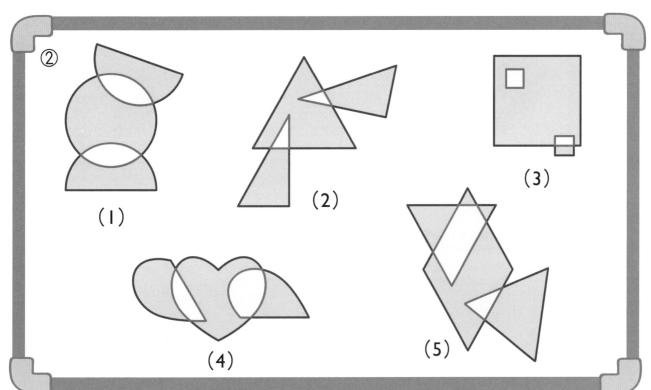

空間與圖形（四）

空間知覺

下面的圖形中，有一個圖形與其他的不同，請你找出來，並把它下面的格子塗色。

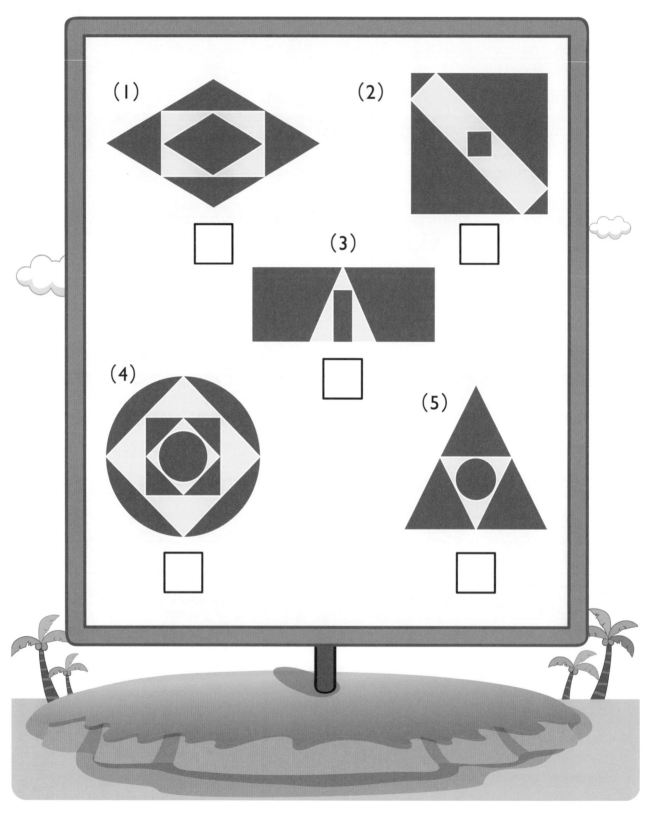

圖形辨識（一）

空間知覺

觀察下面的圖形，請你先把相同的圖形找出來，一對一對地填在下面的格子裏，然後把剩下的圖形圈起來。

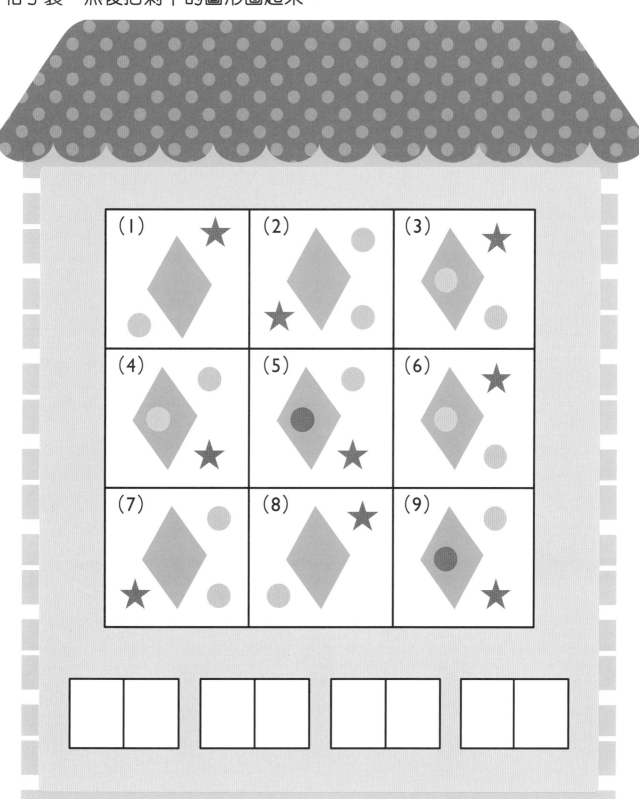

圖形辨識（二）

空間知覺

觀察下面的圖形，請你先把相同的圖形找出來，一對一對地填在下面的格子裏。

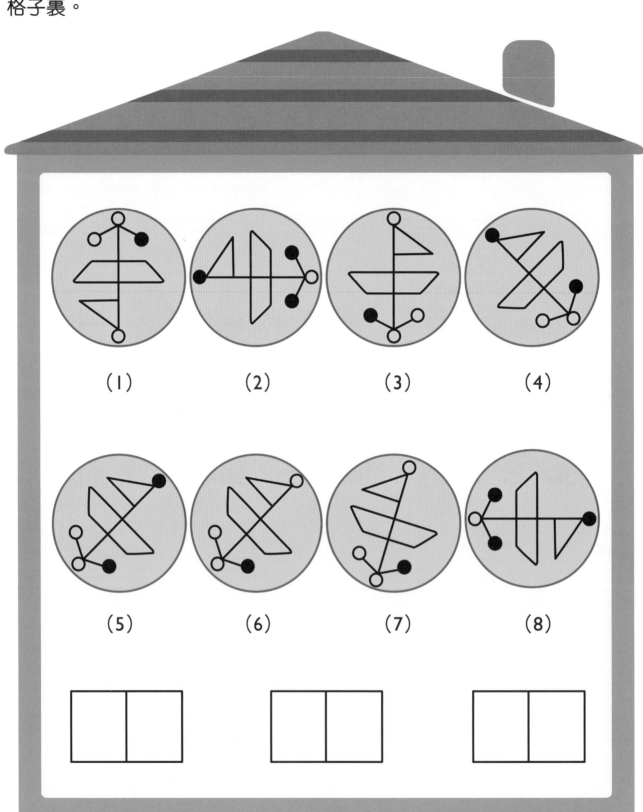

（1）　　　（2）　　　（3）　　　（4）

（5）　　　（6）　　　（7）　　　（8）

圖形辨識（三）

空間知覺

下面的圖形中，有一個圖形與其他的不同，請你找出來，並把它下面的格子塗色。

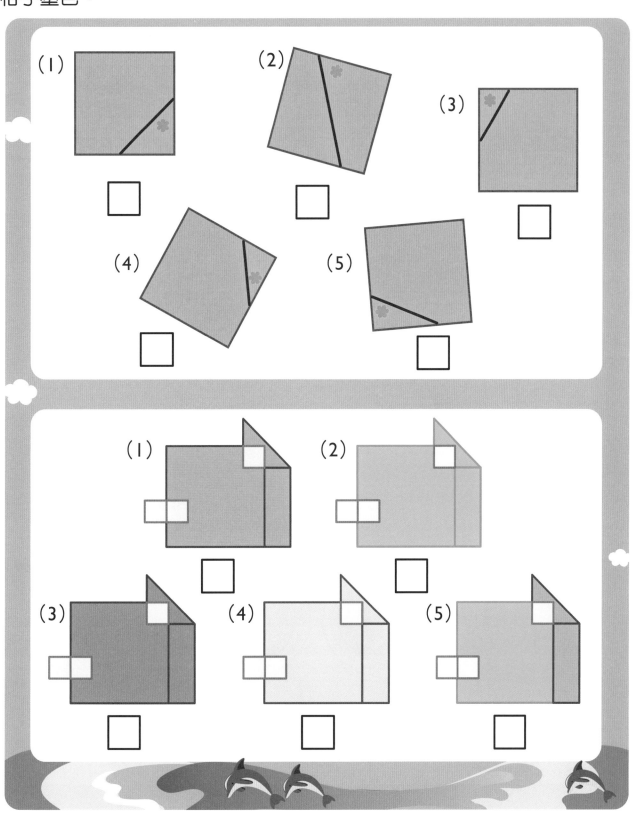

(1) □

(2) □

(3) □

(4) □

(5) □

(1) □

(2) □

(3) □

(4) □

(5) □

失踪的盤子

圖中（1）-（4）的盤子中，有一個是上方沒有出現的，請你把它圈起來。

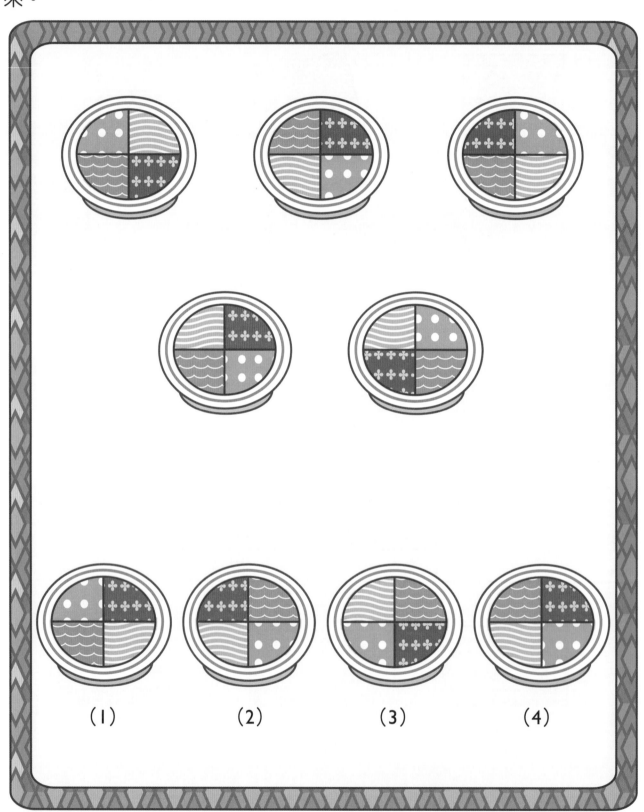

（1）　　　　（2）　　　　（3）　　　　（4）

不同的蝴蝶

空間知覺

下面的蝴蝶中，有一隻蝴蝶和其他的不同，請你把牠找出來，並把它下面的圓圈塗色。

(1)

(2)

(3)

(4)

(5)

(6)

(7)

(8)

(9)

下面每組圖形中，有一個圖形和其他的不同，請你把它圈起來，並說說哪裏不同。

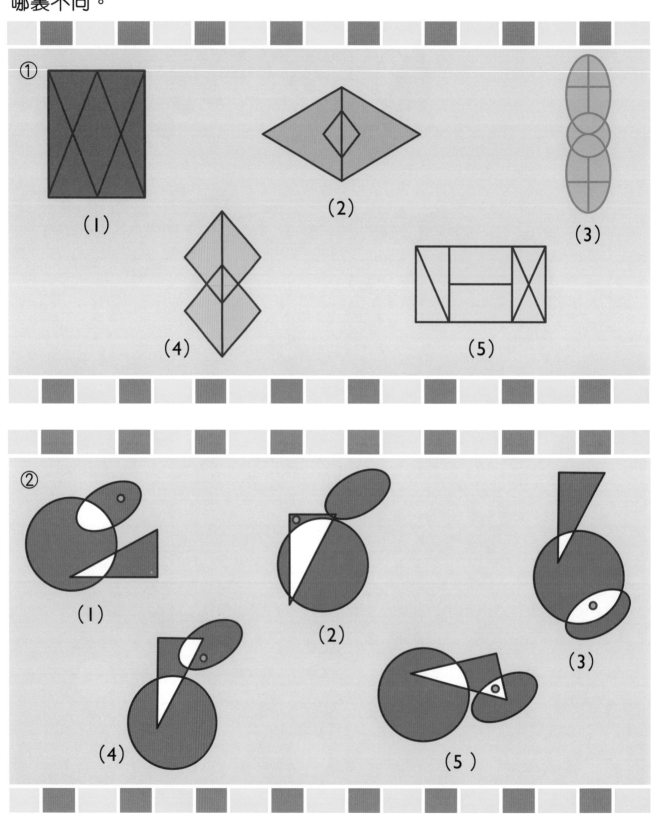

① (1) (2) (3) (4) (5)

② (1) (2) (3) (4) (5)

圖形和空間變化（二）

下面每組圖形中，有一個圖形和其他的不同，請你把它圈起來，並說說哪裏不同。

①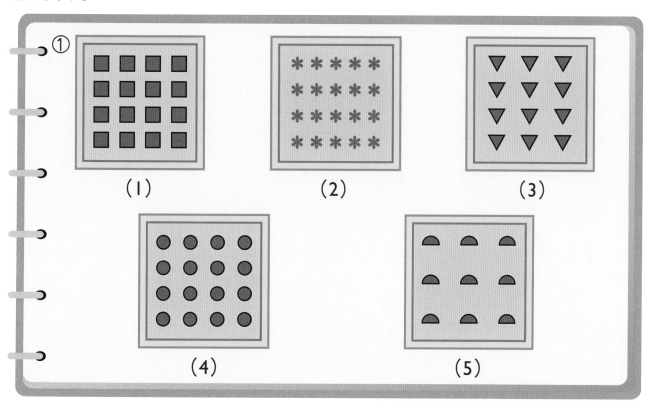

（1）　　　　　（2）　　　　　（3）

（4）　　　　　（5）

②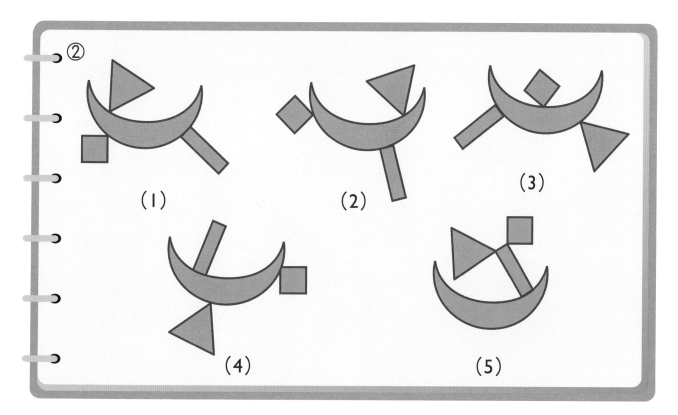

（1）　　　　　（2）　　　　　（3）

（4）　　　　　（5）

圖形和空間變化（三）

下面每組圖形中，有 2 個圖形和其他的不同，請你把它們圈起來，並說說哪裏不同。

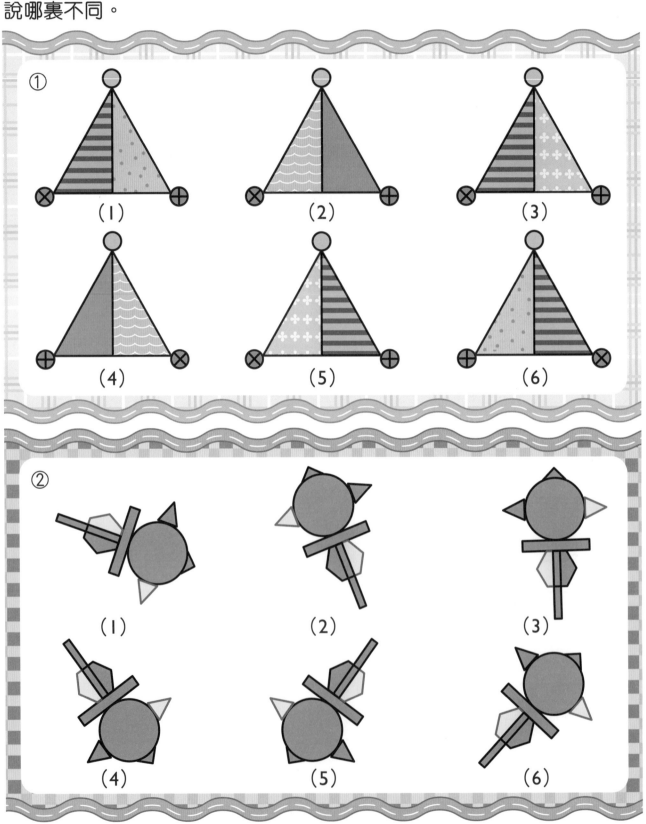

① （1）　（2）　（3）　（4）　（5）　（6）

② （1）　（2）　（3）　（4）　（5）　（6）

觀察每組前兩個圖案的變化規律。如果第三和第四個圖案也按此規律變化，第四個圖案會變成（1）-（5）中的哪一個呢？請你把它圈起來，並畫在橫線上。

①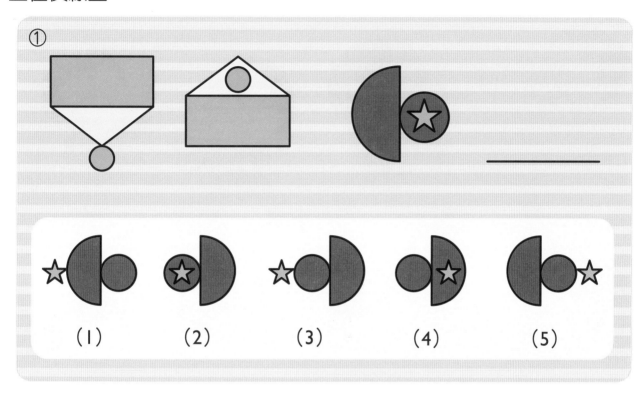

②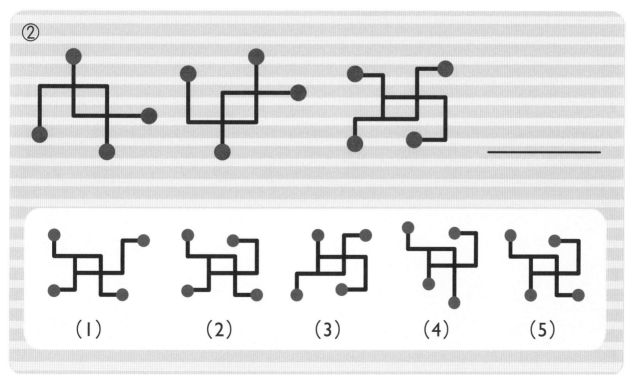

早餐的統計

小朋友們正在吃早餐。數一數他們吃了幾種早餐，每種早餐各有多少份，再數一數他們手裏總共拿了幾把叉子。請你在下一頁的格子中填上早餐和叉子的數量，並依據數量把統計圖畫完成。數量是 1 就塗 1 格。

表示數量I

物品	 <image src="glass" />	 <image src="cake" />	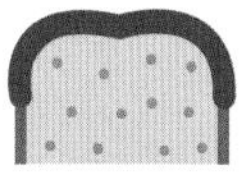 <image src="bread" />	<image src="egg" />	 <image src="香腸" />	 <image src="fork" />
數量	8					

II
10
9
8
7
6
5
4
3
2
1
0

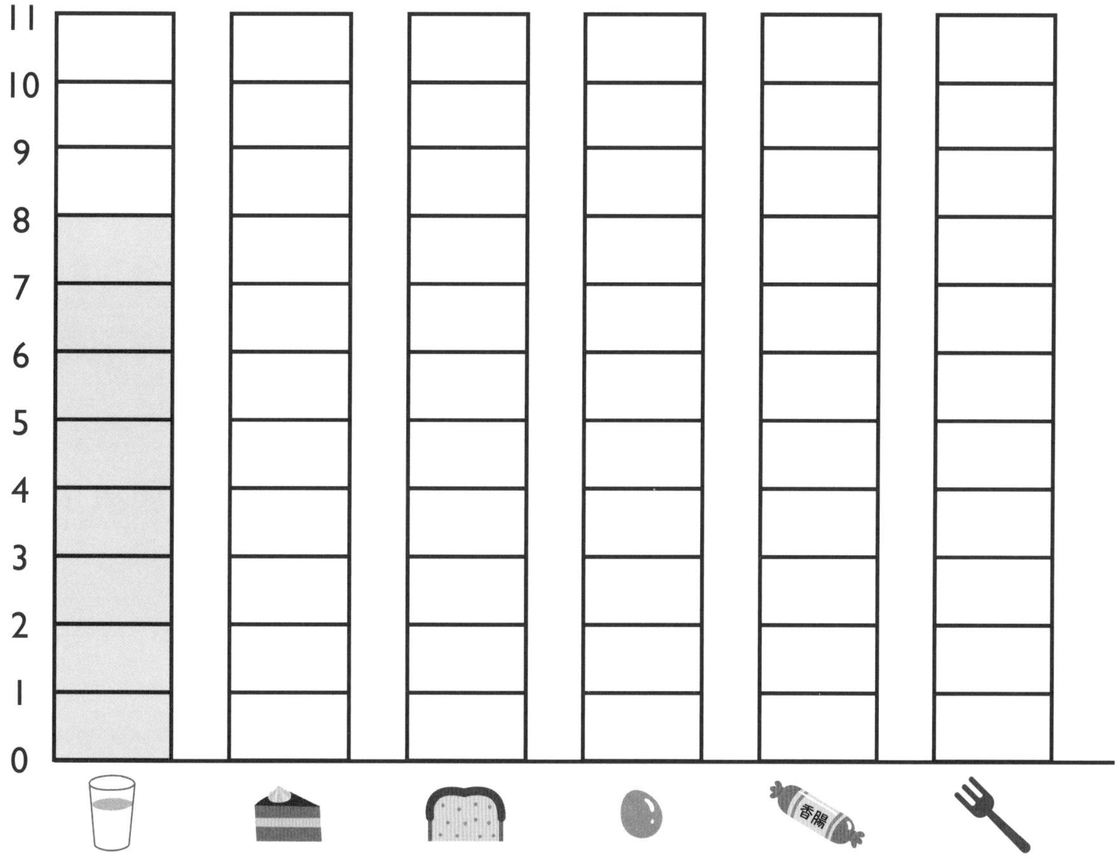

(1) <image src="glass" /> 共（　　　　　）杯　　(2) <image src="cake" /> 共（　　　　　）塊

(3) <image src="bread" /> 共（　　　　　）片　　(4) <image src="egg" /> 共（　　　　　）個

(5) <image src="香腸" /> 共（　　　　　）根　　(6) <image src="fork" /> 共（　　　　　）把

分類有多種

根據小朋友們的不同特徵給他們分類，想想有幾種分類方法，每一類裏又該怎麼分。請你在下一頁格子中填上每一類小朋友對應的數字，然後說說你是怎樣分的。

戴帽子的小朋友					
2	3	5	7	10	

沒戴帽子的小朋友					
1	4	6	8	9	

同類的動物

請你用不同的顏色給這些動物分類，把同一類動物下面的格子塗上同一種顏色。

天氣記錄

這是某一年八月份的天氣記錄。請你數一數每種天氣各出現了多少天，然後把日數填在相應的括弧裏，並回答下面的問題。

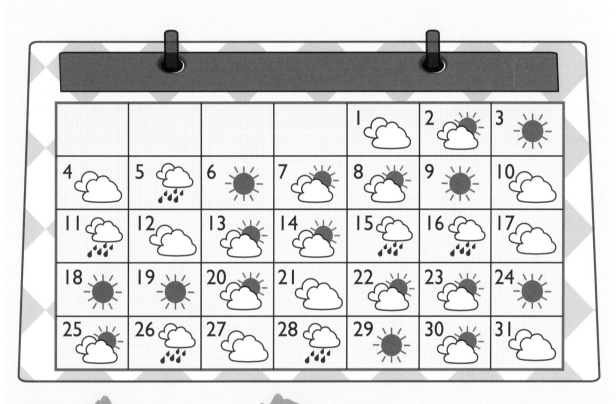

天氣	☀	⛅	☁	🌧
日數	（　　）天	（　　）天	（　　）天	（　　）天

① （　　　　　）的日數最多，（　　　　　）的日數最少。

② ⛅ 的日數比 🌧 的日數多（　　　　　）天。

動物影院

動物影院有 7 排座位，🐵坐在 2 排 1 號，🐶坐在 3 排 4 號，🐷坐在 4 排 5 號，🐰坐在 5 排 7 號，🐱坐在 7 排 8 號。請你從卡紙頁剪下活動卡，並根據座位號把活動卡放在座椅的靠背上。

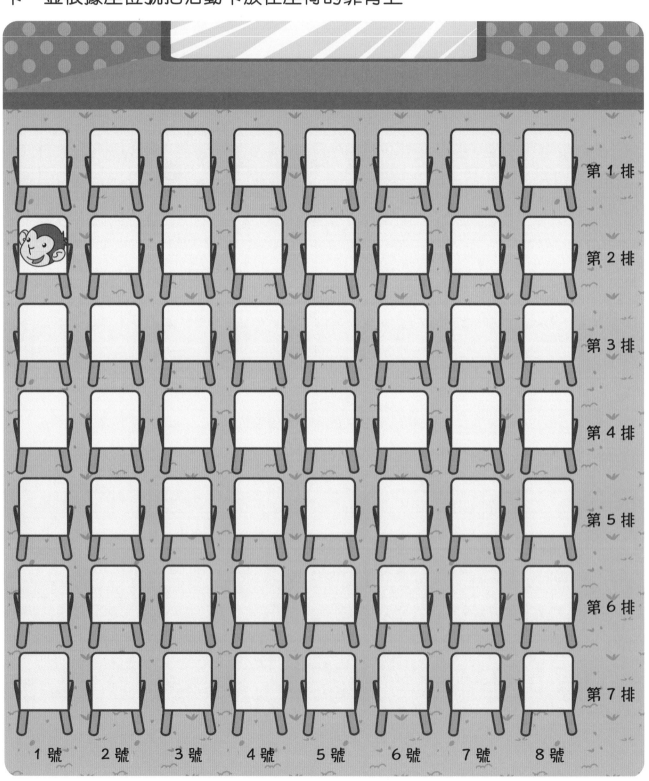

第 1 排
第 2 排
第 3 排
第 4 排
第 5 排
第 6 排
第 7 排

1 號　2 號　3 號　4 號　5 號　6 號　7 號　8 號

請你觀察小動物在格子裏的位置，牠們分別位於橫豎的第幾格？請你把相應的數字填在空格裏。

	(1)	(2)	(3)	(4)
(6)		🐗		🐶
(5)			🐻	
(4)	🦛			
(3)				
(2)			🐱	
(1)		🐷		

🦛	4
	1
🐱	

🐷	
🐶	

🐻	
🐗	

動物的坐標（二）

小牛和小豬已經找到了自己的位置，請你用連線的方法，幫助其他動物也找到自己的位置。

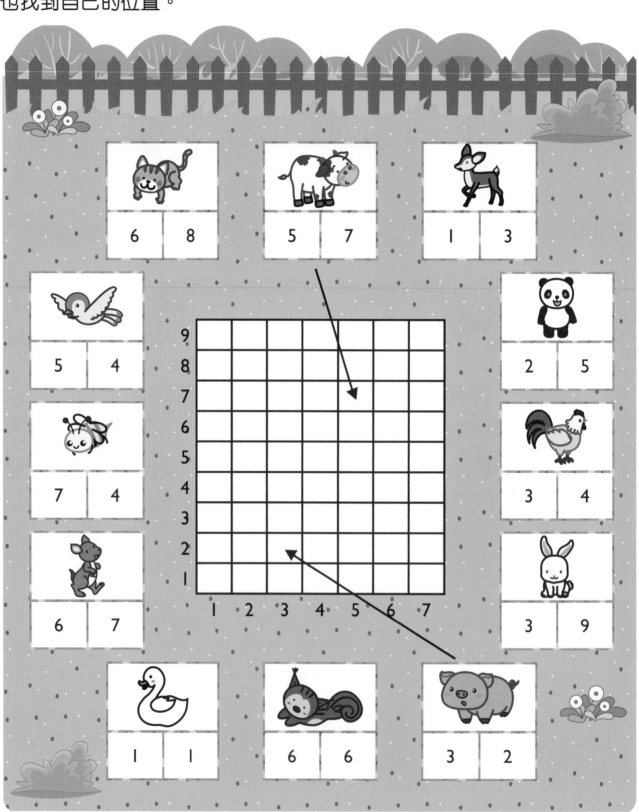

動物的家

看一看動物們舉的牌子，請你用連線的方法，幫助動物們找到各自的家。

請你根據動物的數量完成統計圖，1 個格子代表 2 種動物。

表示數量 2

動物	 🐑	🐷	🐰	🐄	🐴	🐶
數量	2	12	8	18	14	6

20
18
16
14
12
10
8
6
4
2
0

玩具的價格

小狗和媽媽來到商場，發現玩具的價格比原來低了。請你幫小狗計算這些玩具的新價格，並把答案填在格子裏。

原價37元，便宜了7元，現價 ☐ 元。

原價40元，便宜了20元，現價 ☐ 元。

原價50元，便宜了10元，現價 ☐ 元。

原價25元，便宜了5元，現價 ☐ 元。

原價80元，便宜了10元，現價 ☐ 元。

原價84元，便宜了4元，現價 ☐ 元。

原價60元，便宜了10 元，現價 ☐ 元。

請你觀察下面的關係圖是否正確,正確的就在最右的格子裏畫 ✓,不正確的就畫 ✗。

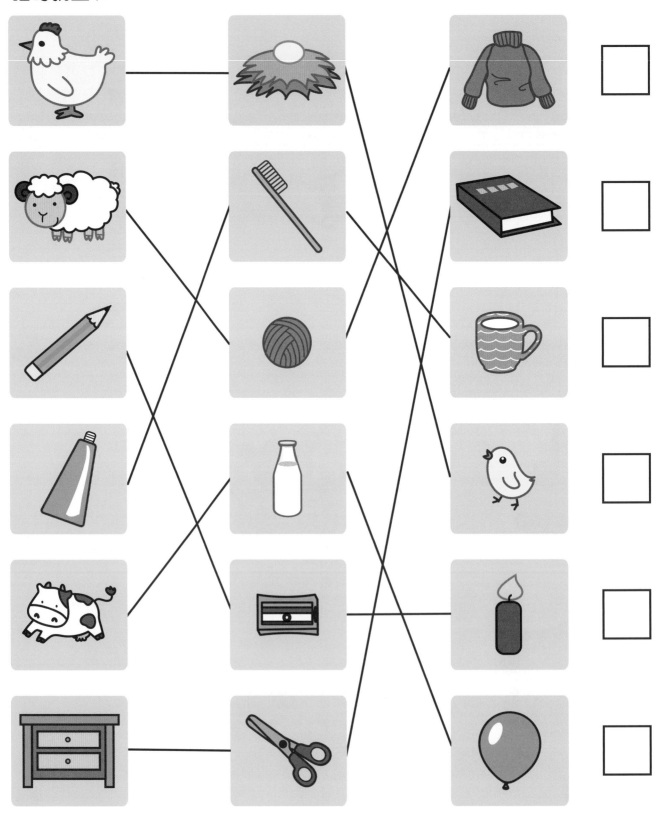

價錢的組合

豬媽媽要買 6 種食品，每種 7 元。請你想一想她可以用哪些組合方法，用 5 元、2 元和 1 元合成 7 元。

小熊買文具

小熊要買 7 種文具，每種 8 元。請你想一想 8 元可分為多少個組合，但不能出現數字 3，4，6，7 和 8。

熊貓買水果

熊貓要買 8 種水果，每種 9 元。請你想一想 9 元可分為多少個組合，但不能出現數字 3，4，6，7，8 和 9。

小狗買東西

小狗要買 10 種運動器材，每種 10 元。請你想一想 10 元可分為多少個組合，但不能出現數字 3，4，6，7，8，9 和 10。

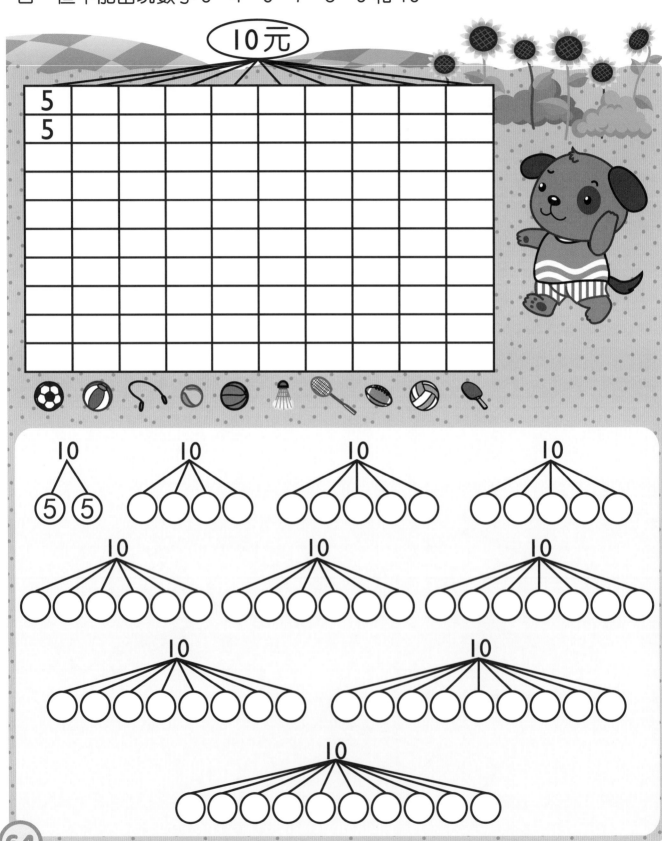

小豬分西瓜

 分析與概括

西瓜熟了，小豬們趕緊跑去摘。數一數，牠們一共摘了多少個西瓜？
如果把摘下的西瓜分給小豬，每隻小豬分得一樣多，每隻小豬可以分到
多少個西瓜？請你在小豬的筐裏畫出這些西瓜。

氣球的顏色

動物們各有 7 個氣球,有黃的,有紅的。請你給每隻動物的氣球塗上紅色和黃色,並且使每束氣球之間的紅黃氣球數量都不同。

排隊的方法

想像與創造

獅子、老虎和大象排成一行，有幾種排法？請你把組合排序寫在格子裏。

1　2　3

第一種	第二種
1　2　3	□　□　□

第三種	第四種
□　□　□	□　□　□

第五種	第六種
□　□　□	□　□　□

小貓吃魚

4 隻小貓分別釣了 8 條魚，貓媽媽說不能把魚一次都吃光。想一想 4 隻小貓各能吃多少條魚，還剩多少？請你把結果寫在下面的格子裏。

吃了 ☐ 條

還剩 ☐ 條

吃了 ☐ 條

還剩 ☐ 條

吃了 ☐ 條

還剩 ☐ 條

吃了 ☐ 條

還剩 ☐ 條

給花兒塗色

請你選擇 3 種顏色，然後給動物手中的花兒塗色，使每束花中都有這 3 種顏色，並且每束花之間這 3 種顏色的花兒數量都不相同。

放蘋果

想一想，如果把 9 個蘋果放到大、中、小 3 個盤子裏，大盤子和中盤子裏的蘋果要放得一樣多，小盤子裏也要放蘋果，該怎麼放？請你把蘋果畫在大、中、小 3 個盤子裏。

花瓣上的數字

請你在每個花瓣上填 1 個數字，使花瓣上的數字之總數等於花蕊上的數字。

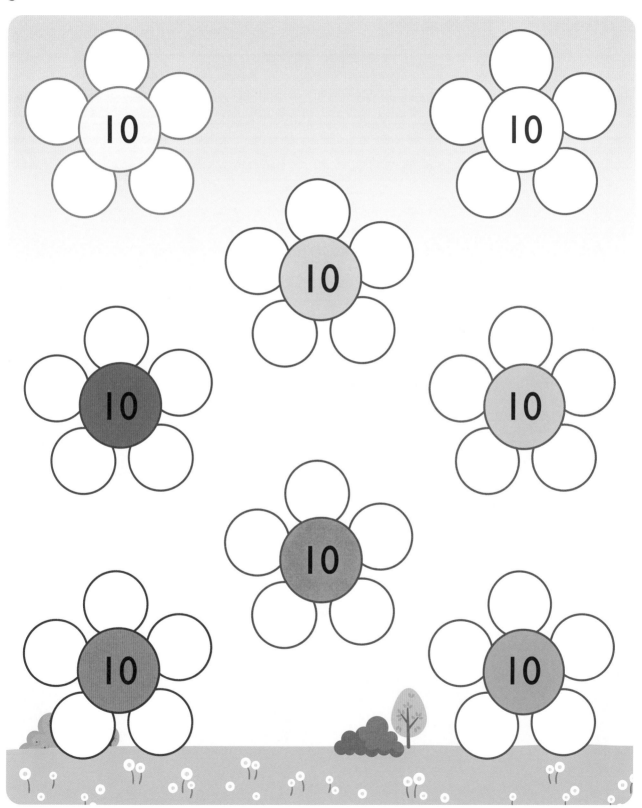

小猴的項鏈

小猴過生日，猴媽媽準備了 11 串不同的項鏈，每串項鏈上都穿上綠珠子和紅珠子。想一想，最後一串項鏈上應該有多少顆綠珠子和紅珠子，然後請你把最後一串項鏈塗色。

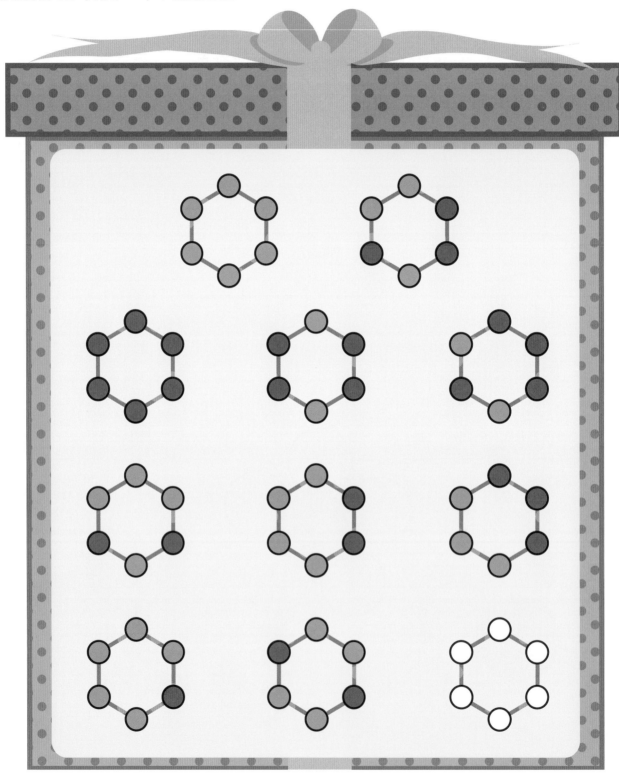

動物有多少

請你仔細看圖，然後回答下面的問題。

（1） 前面有3隻動物， 後面有2隻動物，一共有
（　　　）隻動物。千萬別忘了算 啊！

（　　）＋（　　）＋（　　）＝（　　）

（2） 從前面數是第4個， 後面還有2隻動物，一共
有（　　　）隻動物。

（　　）＋（　　）＝（　　）

（3） 從前面數是第4個， 從後面數是第3個，一共
有（　　　）隻動物。

（　　）＋（　　）－（　　）＝（　　）

圖形怎樣放

請你準備 6 支不同顏色的筆，把上面的 6 個圖形填畫在下面的方格圖裏，圖形不能重疊。

小兔吃蘿蔔

請你數一數 🐰 一共拔了多少個蘿蔔，然後回答下面的問題。

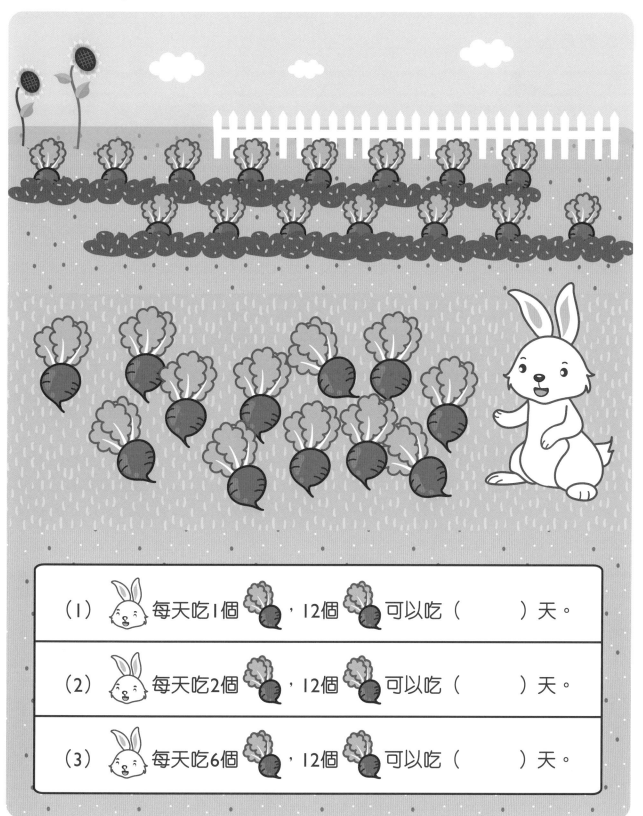

（1）🐰 每天吃1個 🥕，12個 🥕 可以吃（　　　）天。

（2）🐰 每天吃2個 🥕，12個 🥕 可以吃（　　　）天。

（3）🐰 每天吃6個 🥕，12個 🥕 可以吃（　　　）天。

鐵球和皮球

想像與創造

貓媽媽有 2 個紅色的球，小貓用眼睛看不出哪個是鐵球，哪個是皮球。請你教教小貓如何分辨鐵球和皮球，並在下面 4 個方法中圈起你認為最簡單的方法。

圖形的拼合

下面的圖形由同樣大的小方格組成。請你把它分成 4 個面積和形狀都相同的圖形，然後給它們塗上 4 種不同的顏色。

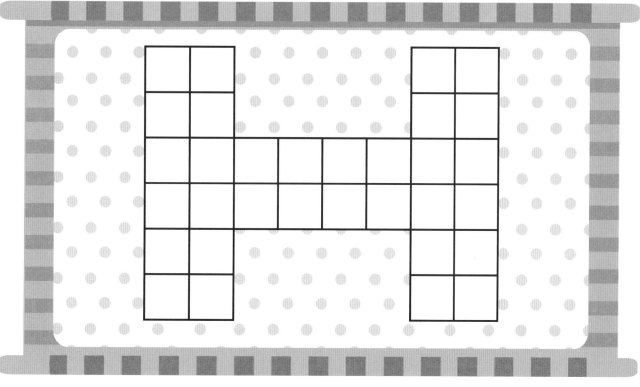

請你在下面的圖形裏畫上 2 條線，使它被分成 3 個一樣大的長方形。

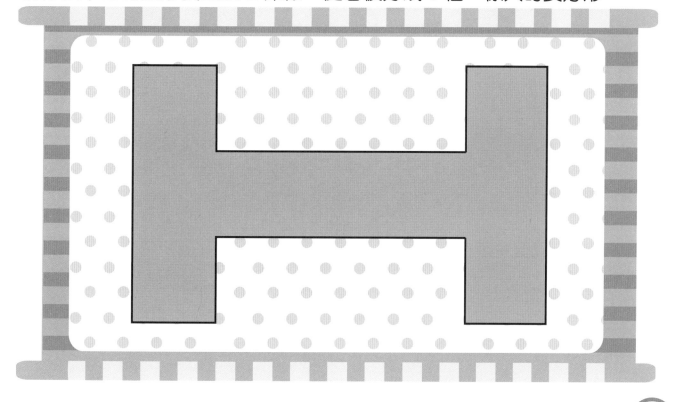

參觀動物園

小朋友去動物園參觀了下面所有的動物，沒有走重複的路，請你畫出他走過的路線。

火柴變變變

想像與創造

下面的圖形是用火柴擺成的。請你移動其中的 4 根火柴，使圖形中出現一個大正方形、一個中正方形和一個小正方形。

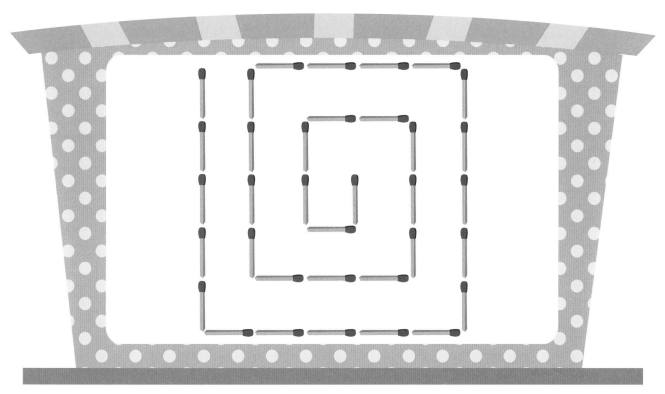

請你在下圖中添畫橫豎線，使它變成 6 個大小一樣的正方形。

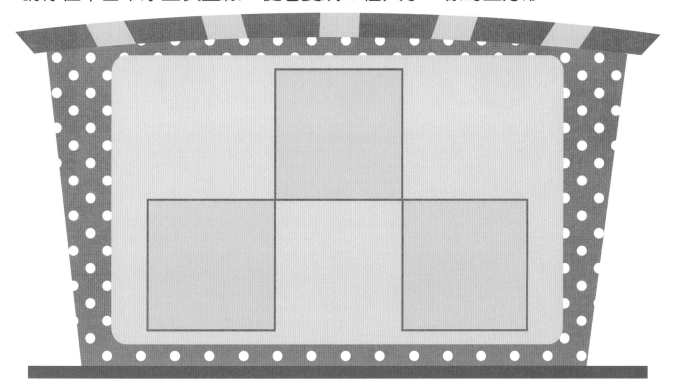

水果的分布

下圖中，每一種水果代表一個數字，不論橫行還是豎行，3 個格子裏的數位相加都等於 15。請你在水果上寫出它所代表的數字。

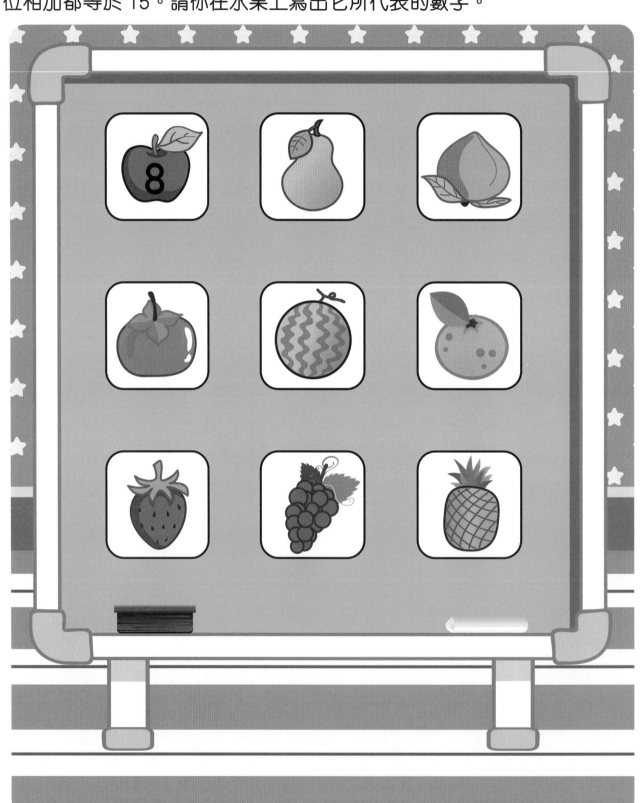

圖形的剪裁

想一想，如果將每組圖形中的正方形按照下面的虛線折疊和剪裁，會得到（1）-（3）圖形中的哪一個？請你把正確答案圈起來。

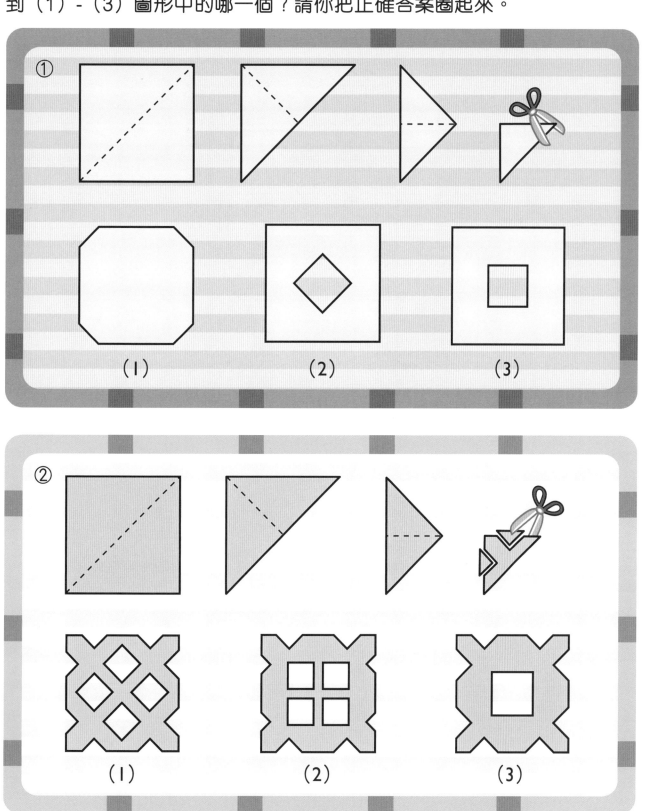

①

（1）　　　　　（2）　　　　　（3）

②

（1）　　　　　（2）　　　　　（3）

方格圖

這是在方格圖裏用塗方格的方法畫出來的一隻小狗。請你用同樣的方法塗出另一種動物，所塗方格的數量要和小狗一樣，塗完後說一說你塗的是什麼動物。

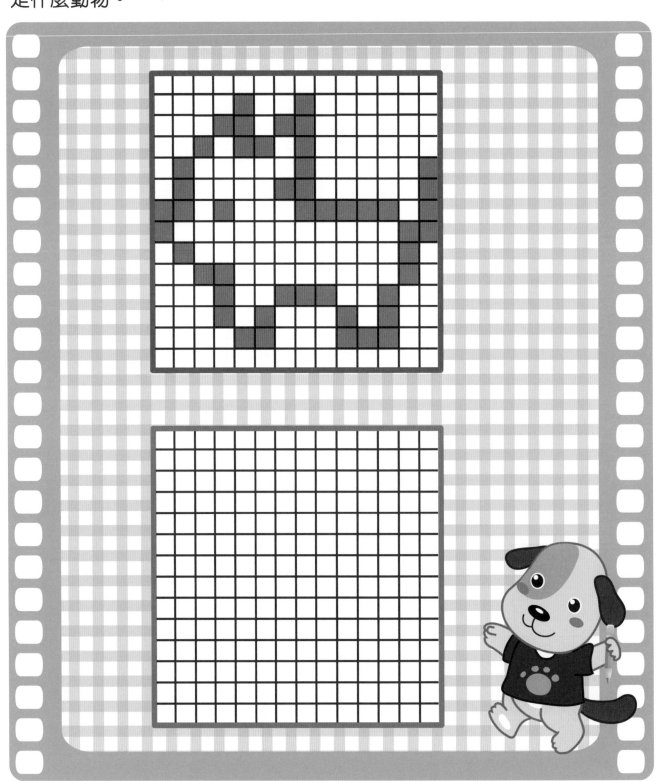

動物分家

請你在六邊形的空地上畫直線，讓小狗、小熊、小兔和小松鼠都有自己獨立的家。

請你在六邊形的空地上畫直線，讓 6 種動物都有自己獨立的空間。

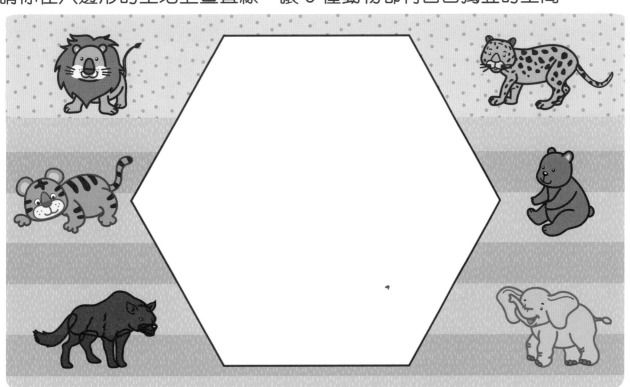

數字的集合

請你把數字 1-8 分別填在 8 個方格裏,使外面 4 個方格的數字和裏面 4 個方格的數字相加後都等於 18。

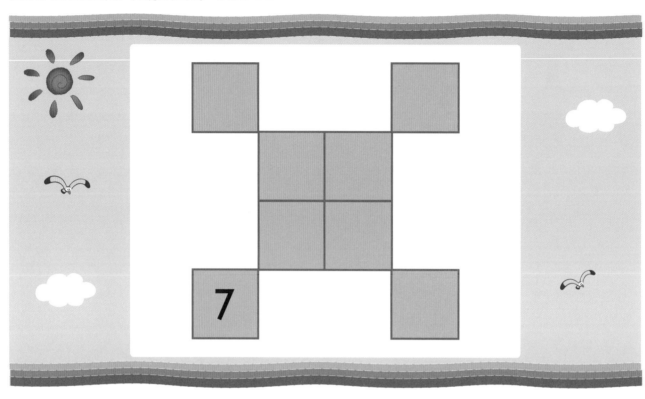

想一想,下面的空格裏應該填上什麼數字?

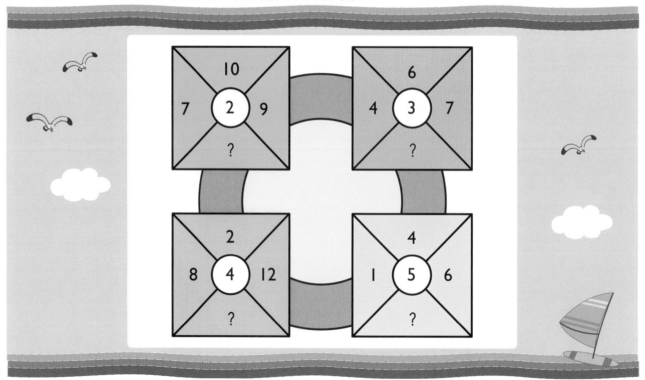

創造三角形

想像與創造

下面的圖形是三角形嗎？如果不是，請你在圖形中畫上 1 條線，使它變成兩個三角形。

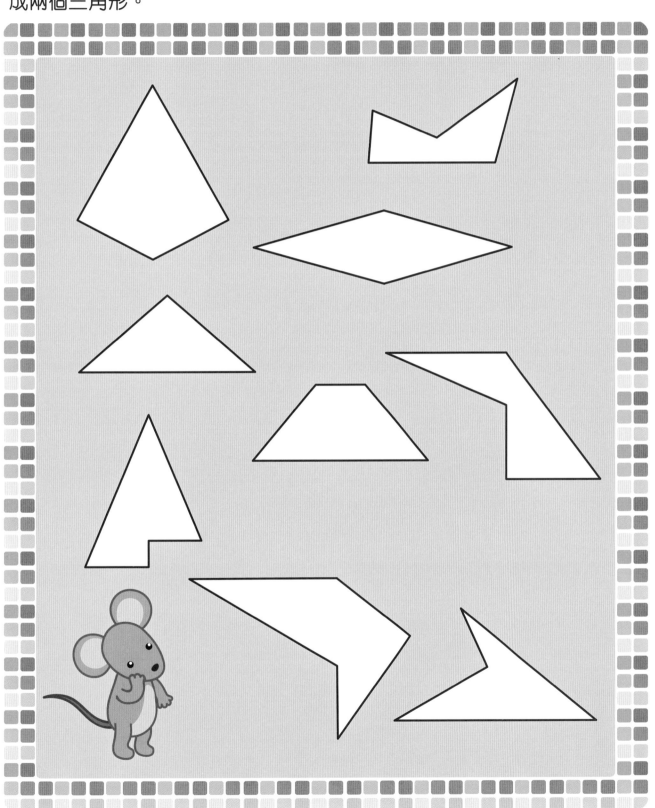

在 9 個小圓點上連出了 10 個不一樣的三角形，請你在最後兩組小圓點上也連出三角形，不能與前面的三角形重複。

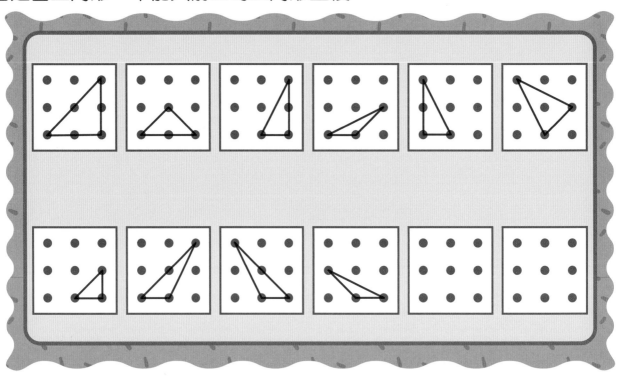

想一想，移動多少枝鉛筆就可以把梯形倒過來？請你找出需要移動的鉛筆，並把它們圈起來。

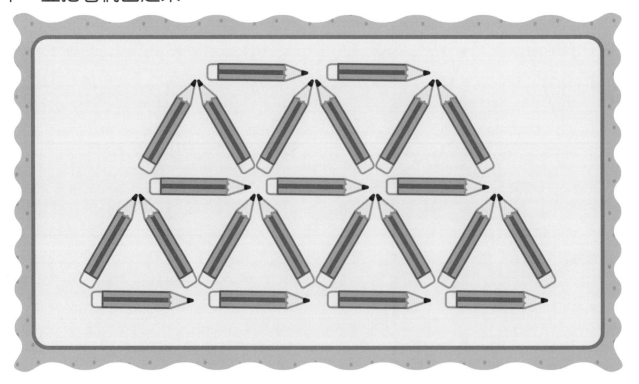

數字的挑戰

每個圖形中的 9 個方格分別代表數字 1-9，兩圖中數字的排列規律相同。
如果紅色格子代表數字 4，那麼綠色格子代表數字幾？

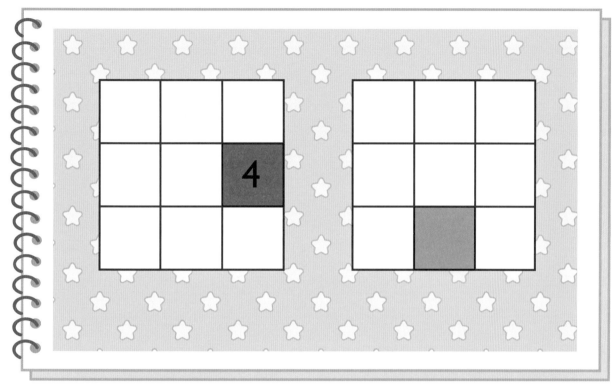

想一想下圖中每行數字的變化規律，然後在空格處填上合適的數字。

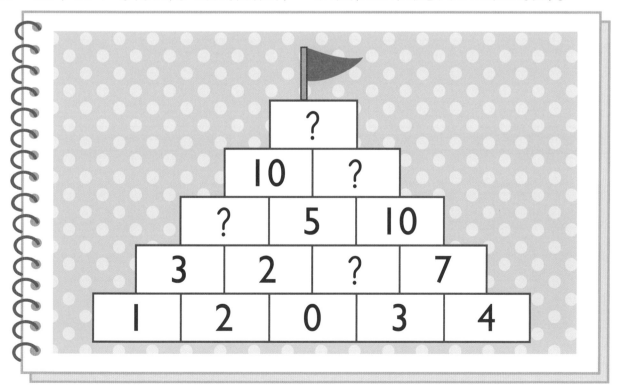

小花的擺放

將 16 盆花擺 4 行，橫行、豎行都可以，每行擺 5 盆，能有多少種擺法？
請你從卡紙頁剪下小花活動卡，試着擺一擺，然後把你想到的方法畫在
下面的方格裏。用小圓圈代表小花，1 個小圓圈代表 1 盆花。

答案

練習1： （3）

練習2： 第1題：（3），第2題：（4）

練習3： （4）

練習4： 第1題：（4），第2題：（4）

練習5： 內圈　　外圈

練習6： 第1題：（4），第2題：（5）

練習7：
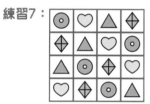

練習8： 第一行：2顆和5顆；
第二行：3顆和5顆；
第三行：5顆和1顆；
第四行：2顆和1顆；
第五行：2顆和5顆

練習9：
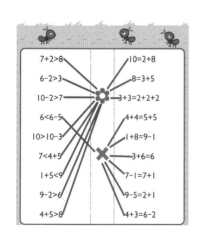

練習10： 第1題：（3），第2題：（1）

練習11： 第1題：（1），第2題：（1）

練習12： 第1題：（3），第2題：（4）

練習13： 第1題：（1）；第2題：（4）

練習14： 第1題：（2）；第2題：（1）

練習15： 第1題：（1）；第2題：（3）

練習16： 第1題：（4）；第2題：（2）

練習17： 第1題：（3）；第2題：（4）

練習18： （2）

練習19： 左手：5；右手：3

練習20：

練習21：

練習22：

小貓	熊貓	兔子	猴子

練習23：

住戶				
樓層	3	2	1	6	4
房間	2	3	3	3	2
住戶					
樓層	6	5	2	3	1
房間	1	3	1	1	2

練習24：

衣物	👕	👗	🧤	🧥	👒	👖
層	5	2	1	5	4	3
格	1	3	2	4	2	1

練習25：

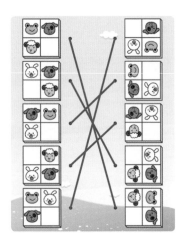

練習26： 第1題：13；第2題：15；
第3題：7；第4題：14；
第5題：14

練習27： 第1題：10；第2題：16；
第3題：7；第4題：18；
第5題：19

練習28： 第1題：4；第2題：5；
第3題：5；第4題：5；
第5題：7

練習29： 第1題：（4）花沒有貼紫色三角形；
第2題：（1）有兩個圖形重複

練習30： 第1題：（5）角向右；第2題：（4）旗向左

練習31： 第1題：（3）多了一個圓形；
第2題：（3）兩個小的正方形並不能拼成大
的正方形

練習32：（5）中心圖形不是三角形

練習33：（1）和（8）；（9）和（5）；
（3）和（6）；（7）和（2）

練習34：（1）和（3）；（2）和（8）；
（6）和（7）

練習35： 第1題（2）；第2題（5）

練習36：（1）

練習37：（9）

練習38： 第1題（5）圖形不對稱；
第2題（2）圓點不在橢圓形內

練習39： 第1題（2）不是幾何圖形；
第2題（5）正方形和三角形沒有貼月亮形狀

練習40： 第1題（3）和（5）粉紅色球的位置調轉了；
第2題（2）和（4）黃色三角形在左邊

練習41： 第1題（3）；第2題（2）

練習42： 牛奶8，蛋糕3，麵包3，雞蛋9，香腸5，叉子11

練習43：（例）
戴眼鏡的小朋友：4、5、7
沒有戴眼鏡的小朋友：1、2、3、6、8、9、10
男孩子：1、2、5、7、10
女孩子：3、4、6、8、9
有袋子的小朋友：1、3、4、5、7
沒有袋子的小朋友：2、6、8、9、10

練習44：（例）可按會飛和不會飛；農場動物和野生動
物分類

練習45： 晴天7，半晴天10，多雲8，下雨6，
①半晴天的日數最多，下雨天的日數最少，
②半晴天日數比下雨天多4天

練習46：

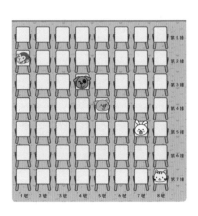

練習47：小豬：（1）（2）；狸貓：（5）（3）
小貓：（2）（3）；小狗：（6）（4）
小松鼠：（6）（2）

練習48：

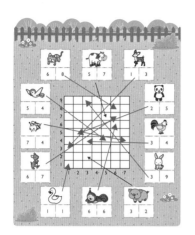

練習49：

練習50：

練習51：骰子30元，直升機40元，
手搖鈴20元，玩具塔20元，
玩具熊70元，鼓80元，
玩具船50元

練習52：

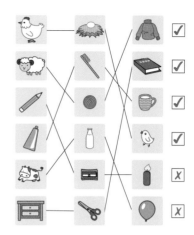

練習53：7元可分為：52；511；211111；
2221；22111；1111111

練習54：8元可分為：521；5111；2222；
22211；221111；2111111；
11111111

練習55：9元可分為：522；5211；22221；
51111；222111；2211111；
21111111；111111111

練習56：10元可分為：55；5221；52111；
22222；511111；222211；
2221111；22111111；
211111111；1111111111

練習57：每隻小豬分5個西瓜

練習58：略

練習59：第二種132　第三種213　第四種231
第五種312　第六種321

練習60：（例）每隻小貓可以吃：
5條魚，剩3條；4條魚，剩4條；
3條魚，剩5條；6條魚，剩2條

練習61：略

練習62：（例）大、中、小盤子放3個蘋果

練習63：（例）22222，43111，52111，
42211，22231，33211，
14221，23311

練習64： （例）5顆紅珠子，1顆綠珠子

練習65： （1）共有6隻小動物：3+1+2=6
（2）共有6隻小動物：4+2=6
（3）共有6隻小動物：4+3-1=6

練習66：

練習67： （1）12，（2）6，（3）2

練習68：略

練習69：

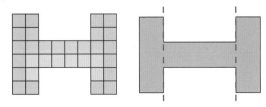

練習70： （例）

練習71：

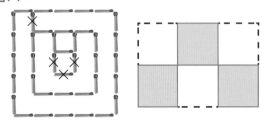

練習72：第一行：8，1，6
第二行：3，5，7
第三行：4，9，2

練習73：第1題（2）；第2題（1）

練習74：略

練習75：

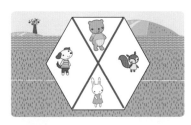

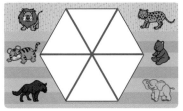

練習76：

練習77：

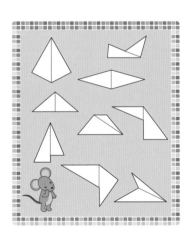

練習78：第1題　略

第2題

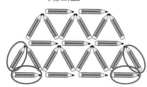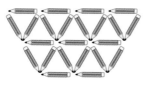

練習79：第1題：8（兩圖中數字排列規律同樣是前後
數，綠色格子是數字8）

3	2	1
6	5	**4**
9	8	7

1	2	3
4	5	6
7	8	9

```
                25
             10    15
           5    5    10
         3    2    3    7
       1    2    0    3    4
```

練習80：（例）

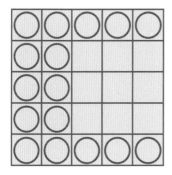

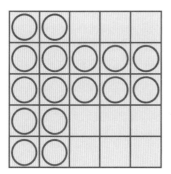

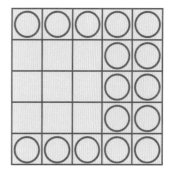

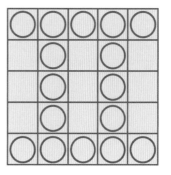

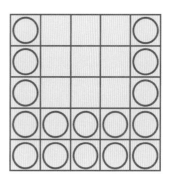